"十四五"职业教育国家规划教材
（中等职业学校公共基础课程教材）

信 息 技 术

（基础模块）（下册）
（第 2 版）

总主编　蒋宗礼

主　编　谭建伟　王崇国　何　琳　潘　澔

电子工业出版社·
Publishing House of Electronics Industry
北京·BEIJING

内 容 简 介

本书紧密结合中等职业教育的特点，联系信息技术课程教学的实际，突出技能训练和动手能力培养，重视提升学科核心素养，强化课程育人功能，符合中职学生认知规律和学习信息技术的要求。

本书由 5 章构成，对应《中等职业学校信息技术课程标准》基础模块的第 4～8 单元。本书与《信息技术（基础模块）（上册）（第 2 版）》配套使用，内容循序渐进，贯穿信息技术课程教学的全过程。了解信息技术基础是深入学习信息技术的前提，掌握网络应用、图文编辑、数据处理、数字媒体应用是适应信息社会生活和工作的基础，学习程序设计、人工智能是培养学生的计算思维、数字化学习与创新能力的有效途径，而提高信息素养、强化信息社会责任、做到立德树人、提升信息安全应用意识则是课程教学最终追求的根本目标。学习者若能熟练掌握书中相关知识和技能，将完全能够适应日常工作和生活中的相关应用需要。

本书可作为中等职业学校各类专业的公共课教材，也可作为信息技术应用的培训教材。

图书在版编目（CIP）数据

信息技术 : 基础模块. 下册 / 蒋宗礼总主编 ; 谭建伟等主编. -- 2 版. -- 北京 : 电子工业出版社，2025. 5 (2025. 10 重印). -- ISBN 978-7-121-50269-9

Ⅰ. TP3

中国国家版本馆 CIP 数据核字第 2025Y2G885 号

责任编辑：程超群　　　文字编辑：郑小燕

印　　　刷：北京联兴盛业印刷股份有限公司

装　　　订：北京联兴盛业印刷股份有限公司

出版发行：电子工业出版社

　　　　　北京市海淀区万寿路 173 信箱　邮编　100036

开　　本：880×1230　1/16　印张：13.5　字数：311.1 千字

版　　次：2021 年 8 月第 1 版

　　　　　2025 年 5 月第 2 版

印　　次：2025 年 10 月第 5 次印刷

定　　价：31.60 元

凡所购买电子工业出版社图书有缺损问题，请向购买书店调换。若书店售缺，请与本社发行部联系，联系及邮购电话：（010）88254888，88258888。

质量投诉请发邮件至 zlts@phei.com.cn，盗版侵权举报请发邮件至 dbqq@phei.com.cn。

本书咨询联系方式：（010）88254550，zhengxy@phei.com.cn（郑小燕）。

出版说明

为贯彻党的二十大精神，落实《中华人民共和国职业教育法》规定，深化职业教育"三教"改革，全面提高技术技能型人才培养质量，按照《职业院校教材管理办法》《中等职业学校公共基础课程方案》和有关课程标准的要求，在国家教材委员会的统筹领导下，根据教育部职业教育与成人教育司安排，教育部职业教育发展中心组织有关出版单位完成对数学、英语、信息技术、体育与健康、艺术、物理、化学 7 门公共基础课程国家规划新教材修订工作，修订教材经专家委员会审核通过，统一标注"十四五"职业教育国家规划教材（中等职业学校公共基础课程教材）。

修订教材根据教育部发布的中等职业学校公共基础课程标准和国家新要求编写，全面落实立德树人根本任务，突显职业教育类型特征，遵循技术技能人才成长规律和学生身心发展规律，聚焦核心素养、注重德技并修，在教材结构、教材内容、教学方法、呈现形式、配套资源等方面进行了有益探索，旨在推动中等职业教育向就业和升学并重转变，打牢中等职业学校学生的科学文化基础，提升学生的综合素质和终身学习能力，提高技术技能人才培养质量，巩固中等职业教育在职业教育体系中的基础地位。

各地要指导区域内中等职业学校开齐开足开好公共基础课程，认真贯彻实施《职业院校教材管理办法》，确保选用本次审核通过的国家规划修订教材。如使用过程中发现问题请及时反馈给出版单位，以推动编写、出版单位精益求精，不断提高教材质量。

中等职业学校公共基础课程教材建设专家委员会

2023 年 6 月

前　　言

习近平总书记在党的二十大报告中强调，"从现在起，中国共产党的中心任务就是团结带领全国各族人民全面建成社会主义现代化强国、实现第二个百年奋斗目标，以中国式现代化全面推进中华民族伟大复兴。""坚持把发展经济的着力点放在实体经济上，推进新型工业化，加快建设制造强国、质量强国、航天强国、交通强国、网络强国、数字中国。""我们要坚持教育优先发展、科技自立自强、人才引领驱动，加快建设教育强国、科技强国、人才强国，坚持为党育人、为国育才，全面提高人才自主培养质量，着力造就拔尖创新人才，聚天下英才而用之。"

我们认识到，在信息化时代，计算思维已经成为最基本的要求，计算机技术已经成为最基本的技术，对建设制造强国、质量强国、航天强国、交通强国、网络强国、数字中国，对落实全面提高人才自主培养质量，着力造就拔尖创新人才，培养青年科技人才、卓越工程师、大国工匠、高技能人才，对建设社会主义现代化强国、实现第二个百年奋斗目标，具有重要意义。必须进一步加强对各个专业学生的信息技术教育，不断提高他们的信息技术素养。这已经成为人才培养的基本要求。

信息技术是中等职业学校各专业学生必修的公共基础课程，旨在提高学生的信息技术素养。本书依据《中等职业学校公共基础课程方案》和《中等职业学校信息技术课程标准》编写而成。

本书紧密结合中等职业教育特点，密切联系中等职业学校信息技术教学实际，突出技能训练和动手能力培养，强化课程育人功能，符合中等职业学校学生学习信息技术的要求。本书坚持党的职业教育办学方针，充分体现以全面素质为基础，以能力为本位，以适应新的教学模式、教学制度需求为根本，以满足学生和社会需求为目标的编写指导思想。

本书由 5 章构成，对应《中等职业学校信息技术课程标准》基础模块的第 4～8 单元。本书与《信息技术（基础模块）（上册）（第 2 版）》配套使用，内容循序渐进，贯穿信息技术教育的全过程。了解信息技术基础是深入学习信息技术的前提，掌握网络应用、图文编辑、数据处理、数字媒体应用技术是适应信息社会生活和工作的基础，学习程序设计、人工智能是培养学生的计算思维、数字化学习与创新能力的有效途径，而提高信息素养、强化信息社会责任、做到立德树人、提升信息安全应用意识则是课程教学最终追求的根本目标。学习者若能熟练掌握书中相关知识和技能，将完全能够适应日常工作和生活中的相关应用需要。

在本书的编写中，力求突出以下特色。

1. 深化课程思政。课程思政是国家对所有课程教学的基本要求，本书全面贯彻党的教育方针，落实立德树人根本任务，将课程育人贯穿于教学全过程，帮助教学者深刻领悟党的二十大精神，将中华优秀传统文化、中国智慧、新时代取得的重大历史性成就等思政元素融入教学，以溶盐于水、润物无声的方式引导学生树立正确的世界观、人生观和价值观。

2．贯穿核心素养。本书以提高实际操作能力、培养学科核心素养为目标，强调动手能力和互动教学，更能引起学生的共鸣，逐步增强信息意识、提升信息素养。

3．强化专业技能。本书紧贴信息技术课程标准的要求组织知识和技能内容，摒弃了繁杂的理论，能在短时间内提升学生的技能水平，对于学时较少的非电子与信息大类专业学生有更强的适应性。

4．跟进最新知识。涉及信息技术的各种问题大多与技术关联紧密，本书以最新的信息技术为内容，关注学生未来，符合社会应用要求。

5．构建合理结构。本书紧密结合职业教育的特点，借鉴近年来职业教育课程改革和教材建设的成功经验，在内容编排上采用了任务引领的设计方式，符合学生心理特征和认知、技能养成规律。内容安排循序渐进，操作、理论和应用紧密结合，趣味性强，能够提高学生的学习兴趣，培养学生的独立思考能力以及创新和再学习能力。

本书配备了包括电子教案、教学指南、教学素材、习题答案、教学视频、课程思政素材库等内容的教学资源包，为教师备课、学生学习提供全方位的服务。教师在教学过程中，要以培养和造就社会所需要的合格人才，促进社会发展、完善崇高事业和全面体现以人为本的时代精神为指引，坚持体现德智体美劳全面发展的教学理念，结合教学需要适当调整教学实施方案和教学素材的内容，采用线上提供丰富教学资源，线下有序固化学习成果的方法，恰当引入微课教学理念，有机拆分教学内容，达到教学相长的终极目的。学生在学习过程中，可根据自身情况借助多种方法、资源适当延伸教材内容，达到开阔视野、强化职业技能的目的。

本套教材由蒋宗礼教授担任总主编，蒋宗礼教授负责推荐、遴选部分作者，提出教材编写指导思想和理念，确定教材整体框架，并对教材内容进行审核和指导。

《信息技术（基础模块）（上册）（第 2 版）》由谭建伟、王崇国、何琳、潘潏担任主编，其中，第 1 章由谭建伟、贾静编写，第 2 章由张魁、邹国祥、贾建军编写，第 3 章由何琳、邓凯编写。《信息技术（基础模块）（下册）（第 2 版）》由谭建伟、王崇国、何琳、潘潏担任主编，其中，第 4 章由潘潏、贾建军编写，第 5 章由纪全、王钰茹编写，第 6 章由袁晓曦、邹国祥、马一菲编写，第 7 章由谭建伟编写，第 8 章由王崇国、林海燕编写。全书由谭建伟、何琳负责统稿；由赵丽英、何琳进行课程思政元素设计；由段标、段欣从教学实践过程等方面对编写体例和案例进行审核、修订；姜志强、赵立威、高玉民、陈瑞亭等专家从新技术、行业规范、职业素养、岗位技能需求等方面提供了相关资料、素材和指导性意见。

由于水平有限，书中难免存在不足之处，敬请读者批评指正。

本书咨询反馈联系方式：（010）88254550，zhengxy@phei.com.cn（郑小燕）。

编　者

目　　录

第4章 数据处理

信息技术与经济社会的交汇融合引发了数据量和数据处理速度的迅猛增长，各种各样的数据不断充斥、影响着我们的工作和生活，数据处理已成为与我们的工作、生活密不可分的一项基本技能。数量巨大、来源分散、格式多样的数据就像一个个宝藏，而利用技术工具有效管理和分析数据，发现和提取有价值的信息，已成为人们解决问题的一种重要方式。

应 用 场 景

场景 01

智慧交通

智慧交通是实现智慧城市的重要组成部分，我国智慧交通技术已基本成熟，整体处于全球第一方阵，在一些具体的应用方面已达到世界领先水平。随着大数据、人工智能、物联网等技术的发展，目前大多数车辆及驾驶人员的智能终端都装备了导航定位设备，装备了导航定位设备的车辆在行驶过程中会产生一系列的定位数据。如图 4-1 所示为"车路协同云控平台"界面，平台中记录的数据包括设备 ID 号、定位时间、定位经纬度等，每个定位数据都记录了车辆在某一时刻的坐标位置；通过计算同一路段上多辆车的平均行驶速度，可了解该路段的交通拥堵状况；对大量车辆不断产生的定位数据进行分析，可以得到路段、区域、城市及更大范围的实时和历史路况信息。如图 4-2 所示为"智能网联公交"示意图，交通管理部门可利用从终端传感器获取的数据信息，科学安排信号灯调度，提高道路通行能力，并可通过导航系统帮助人们了解路网的交通拥堵状况，为路线规划提供良好的决策支持。

图 4-1 "车路协同云控平台"界面

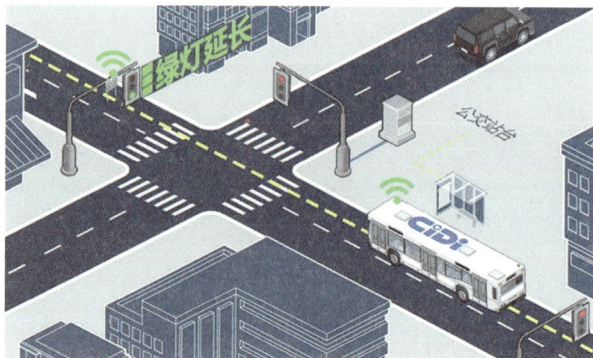

图 4-2 "智能网联公交"示意图

场景 02

电子商务

　　在数字经济时代，电子商务已成为一种重要的经济模式，国产品牌越来越受到用户的青睐，网购热情高涨。作为数字经济新业态的典型代表，网络零售持续保持较快增长速度，成为推动消费增长的重要力量。2024年，我国网上零售额达15.52万亿元，2020—2024年我国网上零售额如图4-3所示。大的电子商务平台日均产生数亿条用户行为数据和PB级的交易数据，这些信息洪流正通过先进的数据处理技术转化为商业价值。通过合法途径收集数据，对消费者的查询数据和订单数据进行分析（如图4-4所示），商家可以构建用户画像，追踪用户的行为，找出消费者的购买需求，分析消费者与购买商品之间的关系，有针对性地制定销售方案，根据用户的个性化需求提供相应的产品或服务，并确定更有效的方式来提升用户对购物平台的忠诚度，以及针对消费者的消费心理和购买量开展相应的促销活动等，以获得更高的市场占有率。

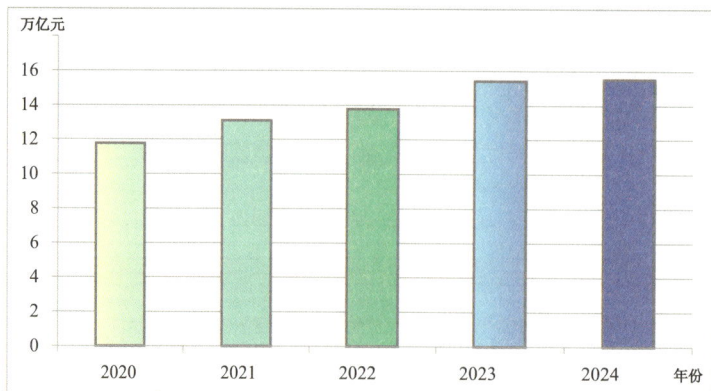

2020—2024年我国网上零售额

年份	2020	2021	2022	2023	2024
网上零售额（万亿元）	11.76	13.09	13.79	15.43	15.52

图 4-3 2020—2024 年我国网上零售额

图 4-4　经营数据分析

场景 03　个性化学习

　　有关研究报告指出，智慧教育将突破学校教育的边界，推动各种教育类型、资源、要素等的多元结合，推进学校家庭社会协同育人，构建人人皆学、处处能学、时时可学的高质量个性化终身学习体系。在数字化教育浪潮中，全球每天产生数以亿计的学习行为数据，覆盖习题作答、教学视频观看记录等。借助数据处理技术的深度应用，个性化学习正突破传统教育规模化与精准化难以兼容的困境，构建起"数据驱动、因材施教"的新型教育生态。通过收集学习者的在线学习行为（如课件浏览、作业提交、在线测评、师生互动等）数据，并对这些数据进行统计、分析（如图 4-5 和图 4-6 所示），教师可以及时判断学习者的学习状况。这有助于了解学情，合理调整教学进度，并提出更为精准的学习改善建议，提高学习者的学习效率，进一步支持学习者的个性化发展需求。

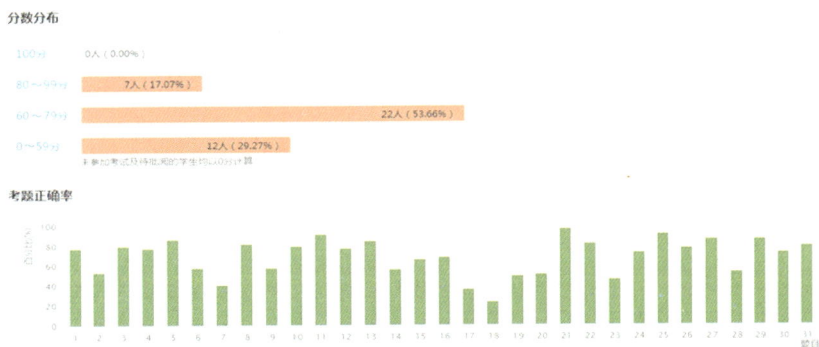

图 4-5　在线学习行为数据统计

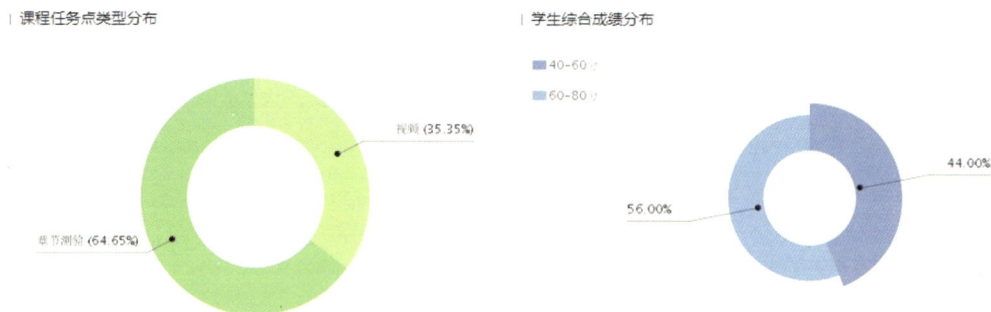

图 4-6　在线学习行为数据分析

场景 04 智能驾驶

我国智能驾驶技术发展水平处于全球前列，在感知、决策、执行各层面都有自己的核心技术，在诸多生产和生活场景获得广泛应用。现代智能汽车平均每分钟产生高达 8GB 的多模态数据，数据处理能力正成为衡量汽车智能化水平的核心标尺。通过先进的数据处理技术，车辆借助全球卫星导航系统（如我国的北斗卫星导航系统）规划行驶路径，并通过摄像头、红外相机、激光雷达和一系列传感器等感应设备（如图 4-7 所示），不断地收集地理位置、路面情况、前后车距离、车流速度、道路交通标志、交通信号灯等相关数据，然后与已有的数据进行对比和分析，可快速识别车辆的方位和周边环境状况。车辆不仅能实现厘米级环境感知，还能建立起类人化的决策系统，在短时间内制定出行驶策略（如加减速、变道、拐弯等），快速执行相应的动作。

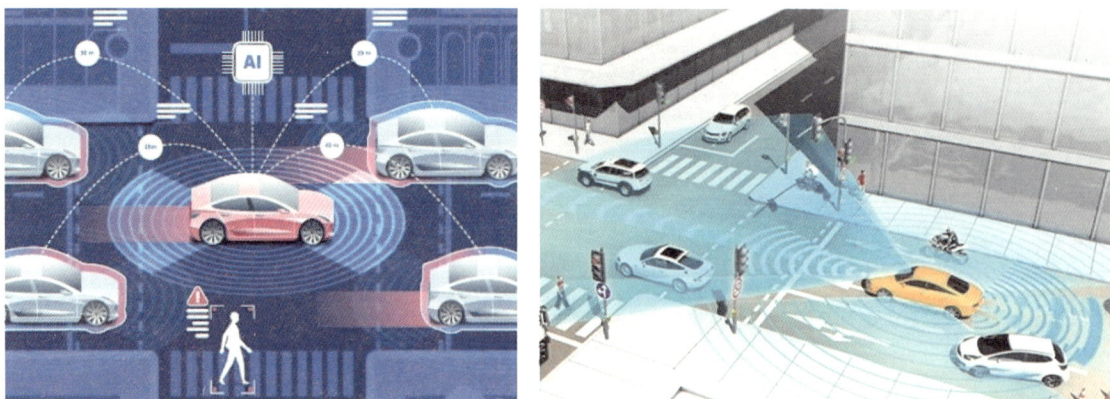

图 4-7　无人驾驶汽车

任务 1　采集数据

数据处理的前提是数据本身，因此，收集和保存数据是一切数据处理和数据分析的基础。本任务通过对常用数据处理软件的介绍，使读者掌握数据采集、存储及数据类型的处理和格式化的相关技能。采集数据思维导图如图 4-8 所示。

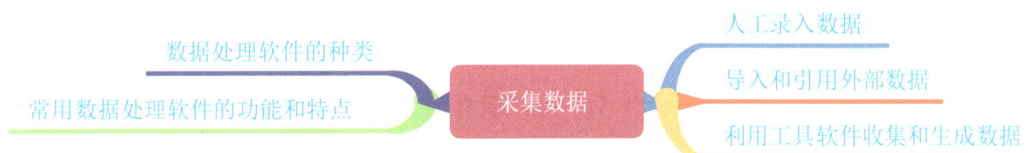

图 4-8　采集数据思维导图

◆ 任务情景

为了学习数据处理的基本技能，小华按照老师布置的实训任务，创建了如图 4-9 所示的某图书销售公司的图书销售数据表。

	A	B	C	D
1	某图书销售公司销售情况表			
2	经销部门	图书类别	数量（册）	销售额（元）
3	第1分部	计算机类	1596	111720
4	第2分部	计算机类	1290	90300
5	第3分部	计算机类	1540	107800
6	第1分部	社科类	1615	80750
7	第2分部	社科类	993	49650
8	第3分部	社科类	1232	56760
9	第1分部	少儿类	2126	63780
10	第2分部	少儿类	1497	44910
11	第3分部	少儿类	1492	44760

图 4-9　图书销售数据表

◆ 任务分析

启动数据处理软件是开始数据处理的前提，输入数据信息、设置表格格式是制作电子表格的基础，可靠、有效地保存表格数据是完成电子表格制作的关键。在老师的指导下，小华将任务分解为以下过程。

（1）运行相应的数据处理软件，通过数据处理软件创建如图 4-9 所示的数据表格，并将其保存在磁盘指定位置。

（2）观察表格中的数据，了解数据类型的基本知识及不同类型数据的特点。

（3）根据需求对表格进行必要的格式化设置。

4.1.1　了解常用数据处理软件

在数据处理领域，要有利用工具软件提高工作效率、解决问题的意识和思维。常用数据处理软件包括 WPS 表格、Excel、SQL Server、SAS、SPSSAU、SPSS、FineBI、Tableau 等，其中 WPS 表格、Excel 适用于一般的办公环境，SQL Server、SAS、SPSSAU、SPSS、FineBI、

Tableau 常用于专业领域。常用数据处理软件的功能和特点见表 4-1。

表 4-1　常用数据处理软件的功能和特点

软 件 名 称	功能和特点	示　　例
WPS 表格	WPS 表格是 WPS Office 套装中的一个组件，与 Excel 的应用领域和功能类似。WPS 表格可以进行数据的存储、转换、运算、查找、比较、筛选、排序、分类汇总、数据透视、数据分析、数据可视化等操作	
Excel	Excel 作为桌面办公软件，广泛应用于管理、金融等众多数据管理、数据分析领域，其主要功能与 WPS 表格相同	
SQL Server	SQL Server 是一款关系型数据库管理系统，是适合中小型企业的数据管理和分析平台，其作为基本的数据库软件，能实现对数据的存储、管理、分析等功能	

续表

软 件 名 称	功能和特点	示　　例
SAS	SAS（Statistical Analysis System）是一款大型应用软件系统，适用于商业智能分析，具备数据访问、数据储存及管理、应用开发、图形处理、数据分析、报告编制等功能	
SPSSAU	SPSSAU 是我国自主研发的数据分析平台，具有数据分析和数据可视化功能，支持 Excel/SPSS/Stata/SAS 等多种数据格式上传，同时支持问卷星、问卷网、腾讯问卷等多种问卷平台文件导入，功能覆盖管理、教育、医学、农业、法学等领域，支持 300 种以上的算法分析	
SPSS	SPSS 是一款用于数据统计与分析的软件，能够进行比较专业的统计学分析，包括描述性分析、差异性分析、多元回归分析等。SPSS 还具备数据管理、统计分析、统计绘图和统计报表等功能	
FineBI	FineBI 是我国自主研发的一款企业级数据管理和业务分析工具，更适合企业用户。FineBI 操作自由灵活，数据图表丰富，交互性良好，主要功能包括企业报表制作、数据分析、数据可视化等	

续表

软 件 名 称	功能和特点	示　　例
Tableau	Tableau 是一款较为简单的商业智能分析软件，功能包括大数据处理、快速分析、数据可视化、智能仪表板等	

当前，针对不同类型的用户，有多种数据处理和分析软件可供选择。在计算机上常用的是 WPS 表格和 Excel，此外还有 SAS、SPSSAU、SPSS、FineBI、Tableau 等；在手机等移动终端设备上，目前仍然以 WPS 表格的移动端版本为主，另外还有应用非常普遍的腾讯文档等。WPS 表格和 Excel 都是当前比较常用的数据处理和分析软件，它们广泛应用于办公事务处理、财务管理、统计分析等工作，通过多样化的方法分析、管理和共享信息，帮助用户做出准确、明智的决策。

根据实际需求，小华决定使用 Excel 来介绍基本的数据处理功能及简单的数据分析功能。

针对上述任务，小华首先需要启动已经安装好的 Excel。

◆ 操作步骤

1. 启动 Excel

① 单击 Windows 的"开始"按钮，打开"开始"菜单。

② 选择"所有程序"→"Microsoft Office"→"Microsoft Office Excel"命令，启动 Excel。

2. 认识软件界面

WPS 表格和 Excel 启动后界面大致相似，下面以 Excel 2016 为例，介绍软件界面的基本操作功能，软件界面如图 4-10 所示。

（1）当前单元格地址框（名称框）。

当前单元格地址框（名称框）用于显示当前单元格或单元格区域的名称或地址，可以在当前单元格地址框中输入单元格名称或地址。

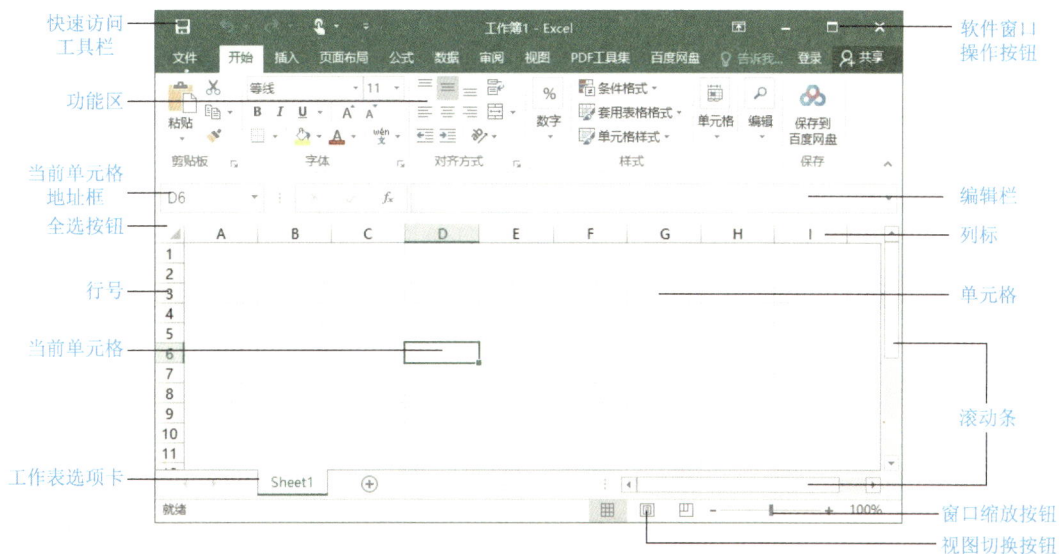

图 4-10 Excel 2016 界面

（2）编辑栏。

编辑栏用于编辑单元格的数据和运算表达式（包括函数），光标定位在编辑栏后可以从键盘输入文字、数字和运算表达式等。

（3）全选按钮。

全选按钮用于选中工作表中的所有单元格。单击全选按钮可选中整个表格，在任意位置单击时则取消全选。

（4）行号。

行号是用阿拉伯数字从上到下表示单元格的行坐标，Excel 2016 共有 1048576 行。在行号上单击，可以选中整行。

（5）列标。

列标是用大写英文字母从左到右表示单元格的列坐标，Excel 2016 共有 16384 列。在列标上单击，可以选中整列。

（6）单元格。

单元格是 Excel 中存放数据的最小单位，由列标和行号来唯一确定。单击单元格可以将其选中。

（7）工作表选项卡。

工作表选项卡用于不同工作表之间的显示切换，由工作表标签和工作表区域构成。单击工作表标签可以切换工作表。

（8）功能区。

功能区存放各种操作命令按钮，单击命令按钮即可完成相应操作。

3. 相关概念介绍

（1）单元格。

单元格是 Excel 中存放数据的最小单位，在界面上表现为一个个长方形格子，输入的数据就保存在这些单元格中。单元格的地址由列标和行号来唯一确定。单击可以选中某个单元格，在这个被选中的单元格中可以直接输入数据，这个被选中的单元格被称为当前单元格，当前单元格的地址显示在当前单元格地址框（名称框）内。

（2）工作表。

工作表由单元格组成，工作表的标签名为 Sheet1、Sheet2、Sheet3……可以通过单击工作表的标签在不同的工作表之间进行切换，也可以通过双击工作表标签修改工作表的名称。

（3）工作簿。

工作簿是存储数据的文件，也就是将表格数据保存在磁盘上的文件。每个工作簿可以包含多个工作表（Sheet），如图 4-10 所示的是 Sheet1。用户可以通过单击工作表标签右侧的 ⊕ 按钮，或者右击工作表标签后在弹出的快捷菜单中单击相关命令，插入新的工作表。

> 💬 说一说
>
> 合理使用数据处理工具的重要性。

4.1.2 掌握数据采集的基本方法

启动数据处理软件后，创建和采集表格的数据内容是后续数据处理的基础，有效而可靠地保存表格数据是完成电子表格制作的关键。数据采集的方法有很多，包括人工录入、外部导入和利用工具软件采集等。在对任务进行简单分析后，小华利用人工录入的方式，按照样表的内容输入数据，同时了解 Excel 中各种数据类型及其特点、功能，并进一步尝试了外部导入和利用工具软件采集数据的基本方法。

◆ 操作步骤

1. 人工录入数据

① 单击相应单元格，输入内容后按【Enter】键，直至所有数据录入完毕。在数据录入过程中，一定要具备良好的数据意识，录入的数据要准确、规范。

② 双击工作表标签，修改工作表 Sheet1 名称为"销售情况表"，之后按【Enter】键。

③ 单击"保存"按钮■，选择保存位置，输入工作簿文件名为"图书销售情况"后单击"保存"按钮即可，如图 4-11 所示。

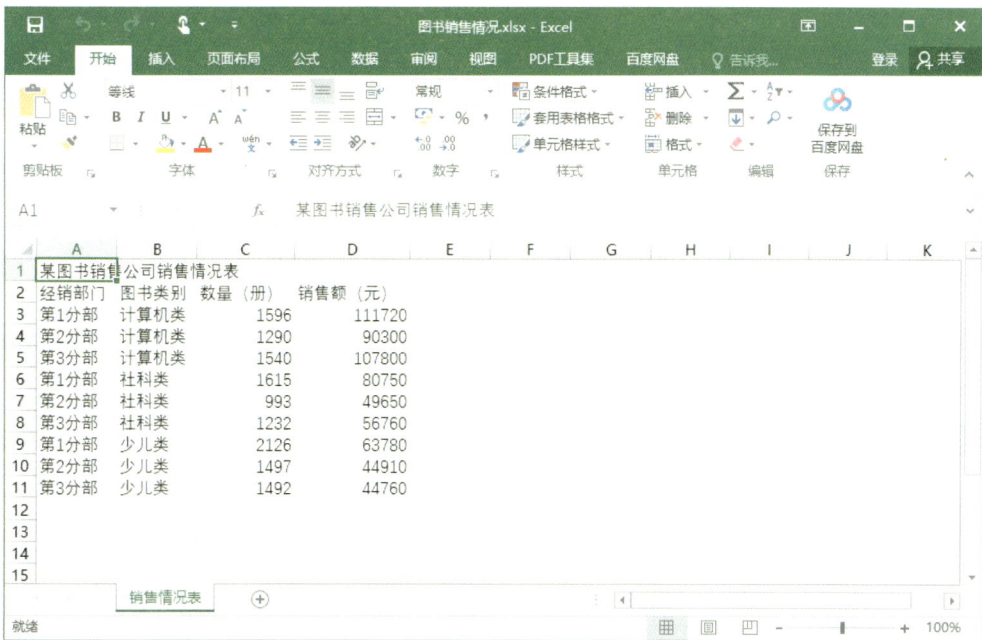

图 4-11　"图书销售情况"工作簿

> **提示：**
>
> （1）在输入数据的过程中，按键盘上的【Enter】键（回车键）可切换至下一行单元格，按键盘上的【Tab】键可切换至右侧单元格；光标在单元格内，按键盘上的【Alt+Enter】组合键可在单元格内强制换行。
>
> （2）Excel 在保存文件时，默认状态下扩展名为.xlsx。保存文件时，用户可根据需要自行选择文件类型。

（1）常用数据类型。

数据处理过程中，常见的数据类型有以下几种。

◆ 字符型数据。

字符型数据包括汉字、英文字母、数字、空格等，默认情况下，字符型数据自动沿单元格左边对齐。当输入的字符串超出了当前单元格的宽度时，如果右边相邻单元格中没有数据，那么字符串会往右延伸显示；如果右边单元格中有数据，超出的那部分数据就会被隐藏起来，此时将单元格的宽度调大后即可显示出来。

字符型数据也可以全部由阿拉伯数字组成。如果要输入的字符串全部由数字组成，如产品型号、汽车牌号、存折账号等，特别是需要以"0"开头的数据，为了避免 Excel 将它按数值型数据处理，在输入时可以先输一个单引号"'"（英文符号），再接着输入具体的数字。例如，要在单元格中输入某产品型号"006401"，则先输入单引号"'"（英文符号），再输入"006401"，然后按【Enter】键，那么出现在单元格里的就是"006401"，并自动左对齐。

◆ 数值型数据。

数值型数据包括 0～9 中的数字，以及含有正号、负号、货币符号、百分号等任意一种符号的数据。默认情况下，数值型数据自动沿单元格的右边对齐。

◆ 日期型数据和时间型数据。

在日常操作中，经常需要录入一些日期型数据和时间型数据，在这些数据的录入过程中要注意以下几点。

① 输入日期时，年、月、日之间要用"/"或"-"隔开，如"2025/3/25""2025-3-25"。

② 输入时间时，时、分、秒之间要用冒号"："（英文符号）隔开，如"15:30""3:30PM""15:30:27"。

③ 若要在单元格中同时输入日期和时间，则日期和时间之间应该用空格隔开，如"2025/3/25 15:30"。

（2）分数的录入。

默认情况下，Excel 都以小数点的形式显示所录入的非整数数据，但也可以用分数的形式录入。要想在单元格中录入分数形式的数据，应先在单元格中输入"0"和一个空格，然后输入分数。例如，要在单元格中输入分数"$\frac{2}{3}$"，首先在单元格中输入"0"和一个空格，然后输入"2/3"，按【Enter】键后单元格中就会出现分数"2/3"；要在单元格中输入分数"$1\frac{2}{3}$"，首先在单元格中输入"0"和一个空格，然后输入"5/3"，按【Enter】键后单元格中就会出现分数"1 2/3"。

（3）数据的类型转换。

在实际使用过程中，也可以将已经存储在表格中的数据进行数据类型的转换。例如，要将如图 4-12 所示的 Excel 数据转换为其他数据类型，则只需选中该区域数据，单击"开始"→"单元格"→"格式"下拉按钮，在弹出的下拉菜单中选择"设置单元格格式"命令，打开"设置单元格格式"对话框，切换至"数字"选项卡，在"分类"列表框中选择所需数据类型，如"文本"选项，最后单击"确定"按钮即可，如图 4-13 所示。

（4）自动填充功能。

在输入"编号"等具有连续性的数据或有规律变化的数据时，我们可以利用软件（如 Excel）提供的自动填充功能来实现快速输入。例如，在 A2 单元格内输入"X01"，然后选中 A2 单元格，再将鼠标移至 A2 单元格右下角的"填充句柄"（实心小方块），这时鼠标光标变成"+"形状，然后按下鼠标左键并拖动到 H2 单元格，可实现"X01～X08"系列数据的自动填充。利用该方法填充有规律的数字时，如输入"1，3，5，7，9……"序列时，需要先输入 1 和 3，然后同时选中这两个单元格，将鼠标移到第二个单元格右下角"填充柄"处拖动即可，如图 4-14 所示。

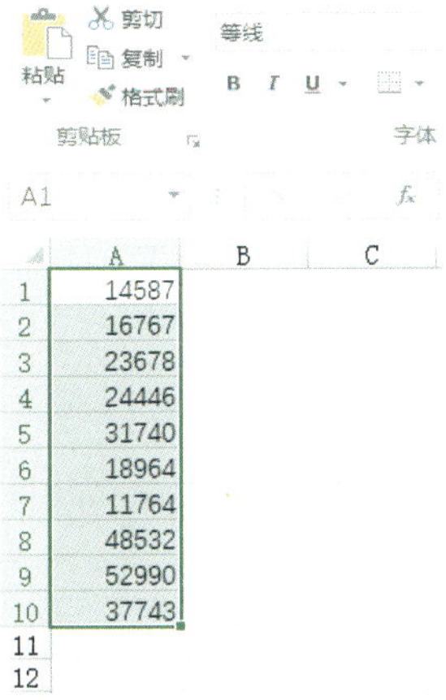

图 4-12　数据类型转换

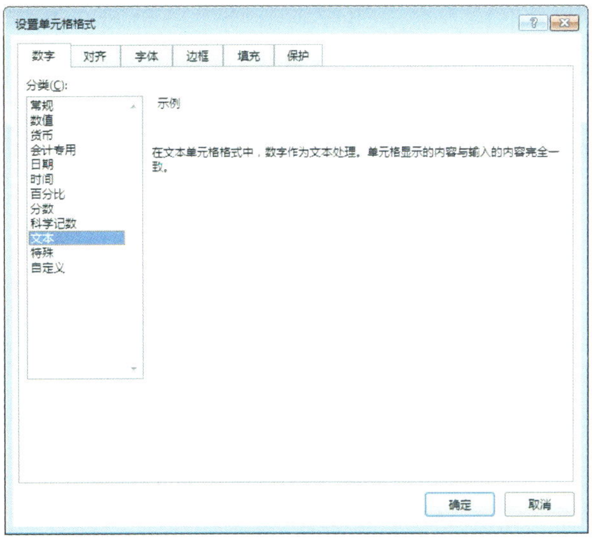

图 4-13　"设置单元格格式"对话框

利用 Excel 的"自定义序列"对话框也可以填充序列。选择"文件"→"选项"命令，在打开的"Excel 选项"对话框中，单击左侧"高级"选项卡，然后在右侧找到并单击"编辑自定义列表"按钮，打开"自定义序列"对话框。在"输入序列"窗格中输入清单，每行一项，输完后单击"添加"按钮，如图 4-15 所示。也可以单击"导入"按钮导入工作表里已有的数据。自定义序列创建完毕后，即可在任意一个单元格中输入自定义序列中的任一项，然后拖动"填充柄"，便可用序列中的其他项去填充单元格。

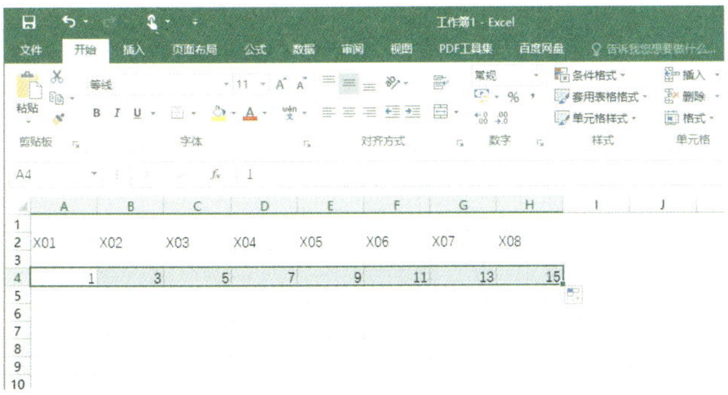

图 4-14　自动填充

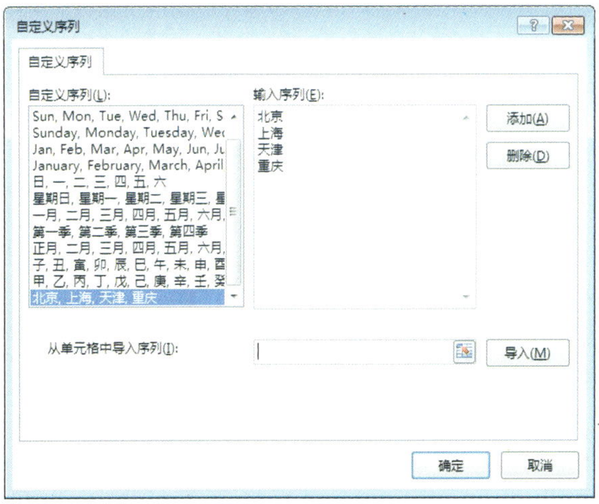

图 4-15　"自定义序列"对话框

（5）数据和表格的编辑与修改。

在输入表格数据时，可能会出现输入错误或漏掉数据等问题，这就需要对表格数据进行必要的编辑。在 Excel 中，编辑电子表格包括对工作表、行、列及单元格的相关操作，也包括对数据的编辑修改、查找与替换、保护等操作。以下操作以 Excel 为例。

◆重命名。

双击工作表标签可以对工作表名称进行重命名，完成后按【Enter】键即可。

◆移动、复制工作表操作。

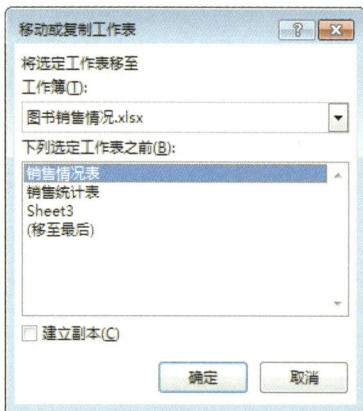

右击工作表标签，在弹出的快捷菜单中选择"移动或复制"命令，打开"移动或复制工作表"对话框，如图 4-16 所示，选定要复制的工作表。

在此对话框中可以将工作表移动到目标位置，也可以选中"建立副本"复选框，只执行复制操作。单击"确定"按钮即可完成操作。

◆插入行和列。

选中某行，单击"开始"→"单元格"→"插入"下拉按钮，在弹出的下拉菜单中选择"插入工作表行"命令，选中行的上方将插入一个空白行。

图 4-16　"移动或复制工作表"对话框

同理，选中某列，单击"开始"→"单元格"→"插入"下拉按钮，在弹出的下拉菜单中选择"插入工作表列"命令，选中列的左侧将插入一个空白列。

◆删除数据行或数据列。

选中待删除的行（或列），单击"开始"→"单元格"→"删除"下拉按钮，在弹出的下拉菜单中选择"删除工作表行"（或"删除工作表列"）命令即可删除选中的行（或列）。

◆移动、复制行或列的操作。

以行操作为例，右击待移动行的行号，在弹出的快捷菜单中选择"剪切"或"复制"命令，然后右击目标位置，在弹出的快捷菜单中选择"插入剪切的单元格"或"插入复制的单元格"命令。列操作与之类似，此处不再赘述。

◆调整行高或列宽。

选中待调整的行（或列），单击"开始"→"单元格"→"格式"下拉按钮，在弹出的下拉菜单中选择"行高"（或"列宽"）命令，在弹出的对话框中输入相应的数值即可调整行高（或列宽）。

◆查找与替换数据。

将鼠标指针移到待查找与替换的工作表中，单击"开始"→"编辑"→"查找和选择"下拉按钮，在弹出的下拉菜单中选择"查找"或"替换"命令，打开"查找和替换"对话框。若是查找，单击"查找"选项卡，直接在"查找内容"文本框中输入要查找的内容即可；若是替换，则单击"替换"选项卡，在"查找内容"文本框中输入要查找的内容，在"替换为"文本框中输入替换后的内容，单击"全部替换"按钮即可完成全部替换工作。

2. 导入外部数据

生成和收集数据的方法有很多，可以手工录入数据，也可以在 Excel 中通过"数据"选项卡的"获取外部数据"组中的多种命令一次性导入外部数据。

案例：现有一 Microsoft Access 数据库文件"销量统计.accdb"，其中的"产品销售情况"表内容如图 4-17 所示，现将此表一次性导入电子表格软件中。

图 4-17 Access 数据库

① 新建一个空白的电子表格文件，单击"数据"→"获取外部数据"→"自 Access"按钮，如图 4-18 所示。

② 在打开的"选取数据源"对话框中选择需要导入的 Access 数据库文件"销量统计.accdb"，单击"打开"按钮后弹出"导入数据"对话框，如图 4-19 所示。

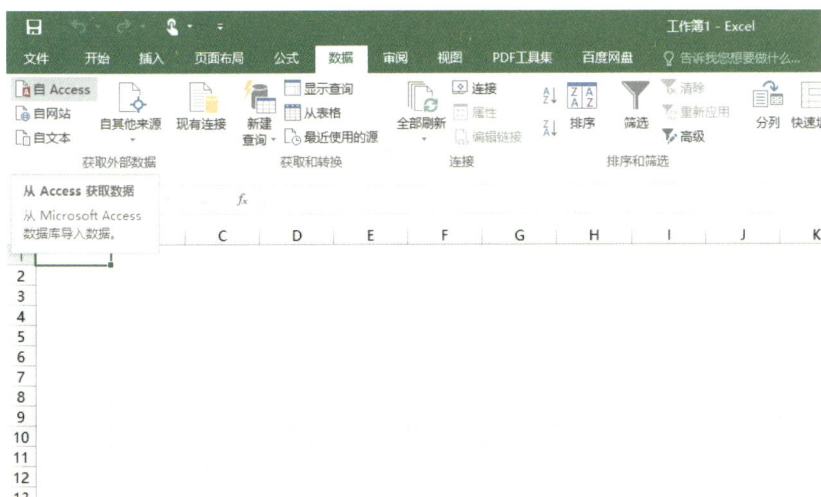

图 4-18 获取外部数据

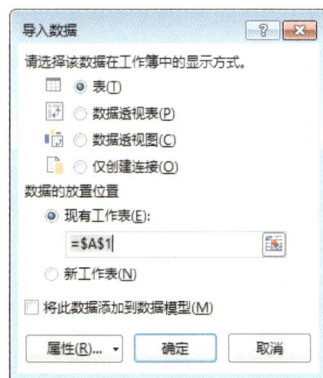

图 4-19 "导入数据"对话框

③ 在"导入数据"对话框中选择数据的显示方式及数据的放置位置后，单击"确定"按钮，即可将 Access 数据库文件"销量统计.accdb"中的"产品销售情况"表内容导入 Excel 中，

如图 4-20 所示。

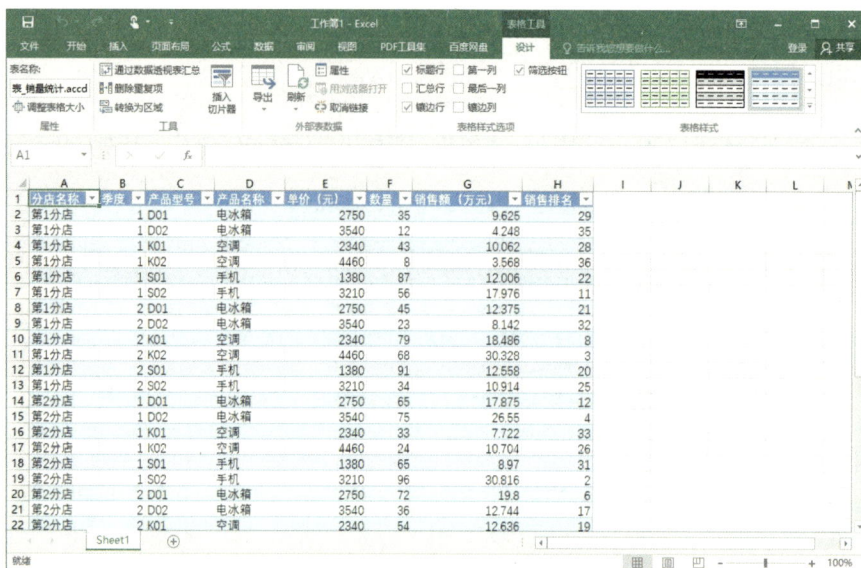

图 4-20　导入外部数据

3. 利用工具软件收集数据

除自行输入数据和从外部导入数据外，还可以利用互联网工具收集数据，其中最典型的应用就是网络调查，又称在线问卷调查。在线问卷调查是指通过互联网及其调查系统把传统的调查形式、分析方法在线化、智能化。市面上在线问卷调查工具并不少，这里以"51 调查"为例为大家梳理如何做一份网络调查。

调查问卷的结构一般包括三个部分：问卷标题、问卷正文和问卷收集。

（1）问卷标题。

首先是问候语，然后向被调查对象简要说明调查的宗旨、目的和对问题回答的要求等，引起被调查者的兴趣，如图 4-21 所示。

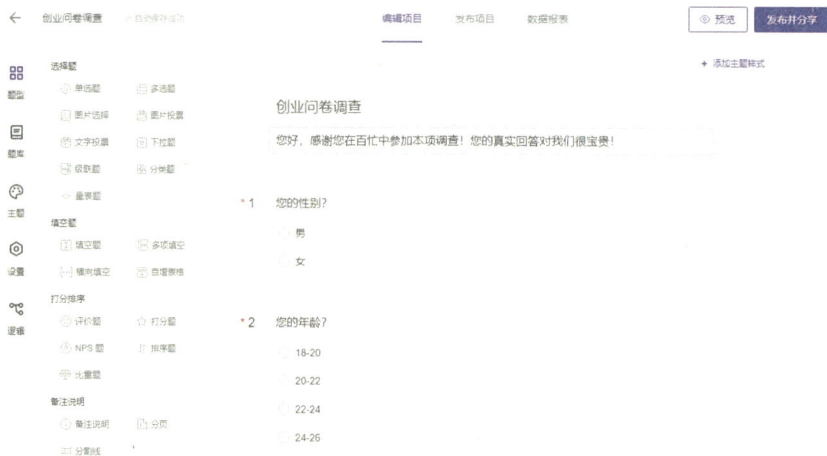

图 4-21　问卷调查

（2）问卷正文。

该部分是问卷的主体部分，主要包括被调查者信息、调查项目、调查者信息等，是调查问卷的核心内容，也是组织单位所要调查了解的内容，主要以各类问卷题目（选择题、填空题、打分排序题等）的形式呈现，具体化为一些问题和备选答案，如图 4-21 所示。

（3）问卷收集。

通过"发布并分享"功能，可以利用网页、邮件、微信等多种回收渠道，结合丰富的推荐模式，延伸答卷数据范围，在短时间内生成和收集大量高质量的答卷数据。

> 说一说
>
> 如何保证数据采集和使用的合法性？

4.1.3　格式化数据和表格

原始的数据表格建立后，小华决定对表格进行简单的美化，通过 Excel 的"设置单元格格式"对话框可完成对表格和表格中数据的美化操作。

◆　操作步骤

使用 Excel 的默认格式编辑工作表，操作相对简单，但是样式可能仍然不够美观，用户可以通过设置样式和效果美化电子表格。以下从单元格的格式化、工作表的格式化及设置条件格式等方面介绍电子表格的美化操作。

1. 单元格的格式化

（1）选中待设置格式的单元格或单元格区域，单击"开始"→"单元格"→"格式"下拉按钮，在弹出的下拉菜单中选择"设置单元格格式"命令，打开"设置单元格格式"对话框，如图 4-22 所示。

（2）在"设置单元格格式"对话框中有 6 个选项卡，可进行不同格式的设置操作。其中，"数字"选项卡可进行数字类型的设置；"对齐"选项卡用于设置单元格内容的对齐方式、文本控制和文字方向；"字体"选项卡用于设置字体、字号、字形、颜色及特殊效果等；"边框"选项卡用于设置单元格是否加边框及边框的线条样式、颜色等；"填充"选项卡用于设置单元格的底纹及图案等，也可以设置填充效果；"保护"选项卡用于工作表的锁定和隐藏，以保护工作表不受破坏。

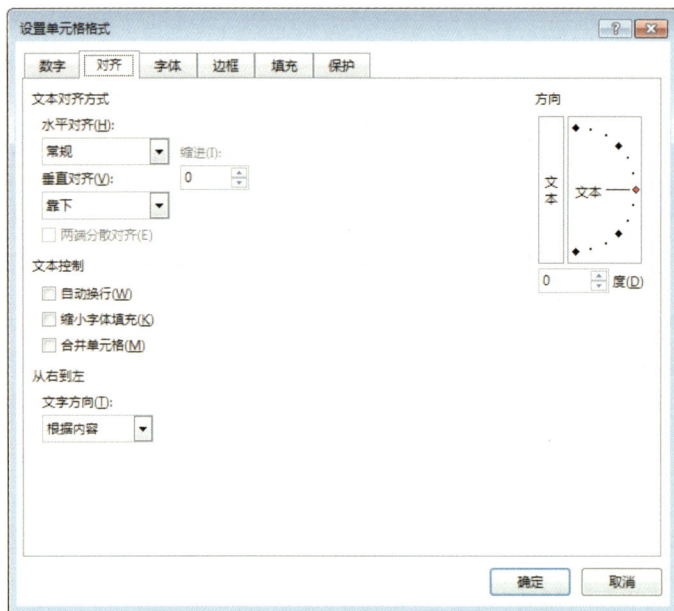

图 4-22　"设置单元格格式"对话框

> **提示：**
>
> 在"开始"选项卡功能区的"字体""对齐方式""数字"3 个组中，也可以对上述三项内容进行简单的格式设置。

2. 工作表的格式化

对工作表进行格式化的方式有很多，可以根据工作的实际需求自由选择软件中的各种格式设置功能。其中，通过选择软件中预定义的表格格式，如 Excel 的"套用表格格式"下拉列表，可以简单、快速地设置一组单元格或者整张工作表的格式。具体操作如下：选择需要设置格式的单元格或单元格区域，单击"开始"选项卡"样式"组中的"套用表格格式"下拉按钮，在弹出的下拉列表中选择合适的格式即可，如图 4-23 所示。

3. 设置条件格式

Excel 提供了条件格式功能，条件格式功能可以对单元格应用某种条件来决定数据的显示格式，包括使用数据条、色阶和图标集以突出显示单元格，强调异常值，以及实现数据的可视化效果等。例如，打开"图书销售情况.xlsx"工作簿，选择"销售情况表"标签，把销售额小于 50000 元的单元格设置为浅红色填充，具体操作步骤如下。

（1）选择 D3:D11 单元格区域，单击"开始"选项卡，在"样式"组中单击"条件格式"下拉按钮，在弹出的下拉菜单中选择"突出显示单元格规则"→"小于"命令，打开"小于"对话框。

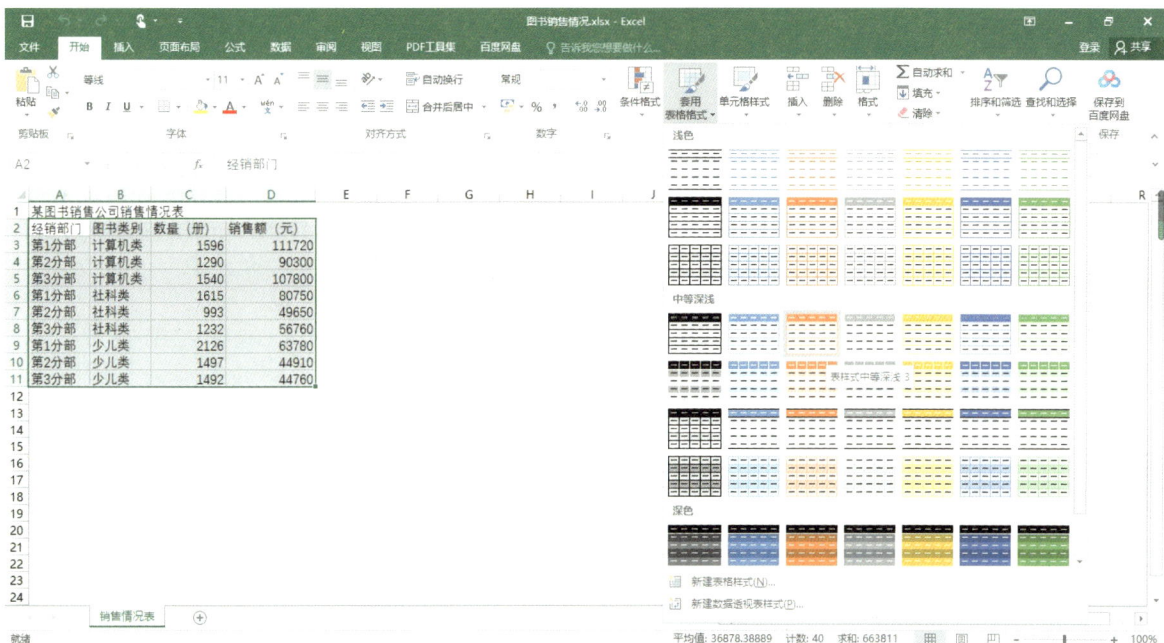

图 4-23　套用表格格式

（2）在数值文本框中输入"50000"，在"设置为"下拉列表中选择"浅红色填充"选项，单击"确定"按钮，如图 4-24 所示。

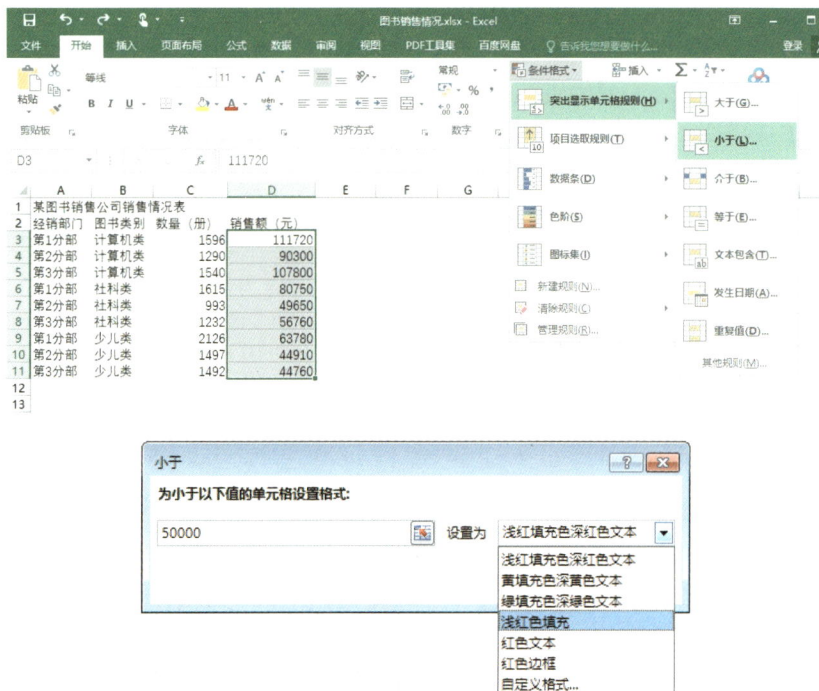

图 4-24　设置条件格式

如需设置其他条件格式，可选定单元格或单元格区域，单击"开始"选项卡"样式"组中的"条件格式"下拉按钮，在弹出的下拉菜单中选择其他命令，再根据对话框内容进行相关设置即可。

4. 相关操作

（1）单元格区域的选定。

选择单个单元格：单击相应的单元格。

选择连续的单元格区域：将鼠标指针定位在需要选中区域的左上角单元格，然后拖动鼠标至右下角单元格。

选择不相连的单元格区域：按住【Ctrl】键的同时依次选中单元格或单元格区域。

（2）行和列的选定。

选择单行（列）：单击行号（或列标）。

选择连续行（列）：在需要选中行的行号（或列的列标）上按住鼠标左键并拖动鼠标。

选择不连续行（列）：先选中一行（列），然后按住【Ctrl】键的同时单击其他行的行号（或列的列标）。

（3）工作表的选定。

选择单张工作表：单击工作表标签。

选择连续的多张工作表：单击第一个工作表标签，然后按住【Shift】键的同时单击最后一个工作表标签。

选择不连续的多张工作表：单击一个工作表标签，然后按住【Ctrl】键的同时单击其他工作表标签。

> **说一说**
>
> 数据和表格的美化操作对工作和生活的帮助。

任务 2　加工数据

在完成原始数据的录入后，通过运用工具对数据进行适当的加工和计算，可以从原始数据中得到更加准确和有用的信息。本任务通过对 Excel 中相关数据处理工具的介绍，帮助读者掌握基本的数据处理技能。

◆ **任务情景**

根据老师安排的实训要求，小华需要对创建的图书销售情况表进行数据处理，统计不同经销部门及不同图书类别的相关销售情况，并对图书销售情况表进行排序、筛选和分类汇总。加工数据思维导图如图 4-25 所示。

图 4-25　加工数据思维导图

◆　**任务分析**

要利用运算表达式和函数对数据进行计算和分析，必须先掌握 Excel 运算表达式的创建方法，特别是常用函数的使用。因此，本任务可以分解为以下过程。

（1）创建运算表达式，对图书销售情况表进行简单的计算处理。

（2）使用函数对图书销售情况表进行统计运算，获得不同经销部门及不同图书类别的相关销售情况统计。

（3）根据需求，对图书销售情况表进行排序、筛选和分类汇总，分析表格数据。

4.2.1　使用运算表达式

Excel 具有强大的数据运算功能，使用运算表达式与函数可以灵活地对数据进行整理、计算、汇总、查询、分析等，自动得出所期望的结果，帮助用户建立数据处理和分析模型，化解工作中的许多棘手问题。小华利用自己创建的图书销售情况表，根据老师提出的案例要求，通过实际操作来体验 Excel 的数据计算功能。

◆　**操作步骤**

1. 计算单册平均价格

打开"图书销售情况"工作簿，在工作表"销售情况表"的 E2 单元格输入"单册平均价"，利用运算表达式计算"销售情况表"中各分部售出的各类图书的单册平均价格，并将其保存在 E 列相应位置。具体操作步骤如下。

（1）选择 E2 单元格，输入"单册平均价"。

（2）选择 E3 单元格，输入运算表达式"=D3/C3"，然后按【Enter】键。

（3）选择 E3 单元格，单击"开始"选项卡"数字"组中的"增加小数位数"按钮，将 E3 单元格格式设置为小数点后保留 2 位。

（4）选择 E3 单元格，拖动"填充柄"至 E11 单元格，如图 4-26 所示。

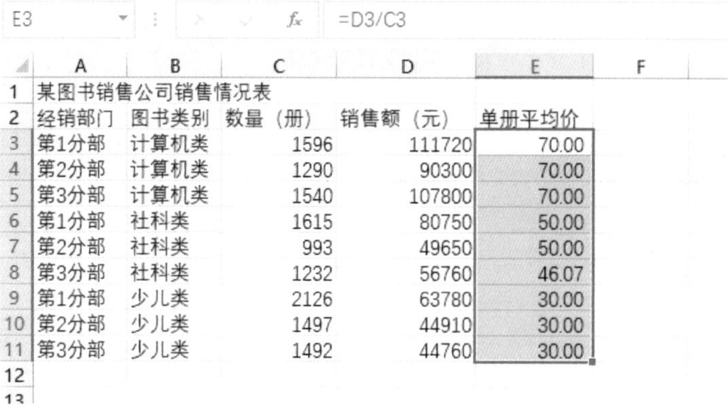

图 4-26　使用运算表达式

提示：

WPS 表格和 Excel 中运算表达式一律以"="（半角等号）开头，后面的数据项与运算符交替出现。可用来构成运算表达式的数据项有常数（如 28、–5.8 等）、单元格引用（如 A3、$B$5、C7:D10 等）、内置函数（如 SUM()、AVERAGE()等）等。运算表达式中的常见运算符主要包含算术运算符、比较运算符、文本运算符和引用运算符，如表 4–2 所示。

表 4-2　运算表达式中的常见运算符

类　别	运算符号	含　义	应用示例
算术 运算符	+（加号）	加	1+2
	–（减号）	减	2–1
	–（负号）	负数	–1
	*（星号）	乘	2*3
	/（斜杠）	除	4/2
	^（乘方）	乘幂	3^2
比较 运算符	=（等于号）	等于	A1=A2
	>（大于号）	大于	A1>A2
	<（小于号）	小于	A1<A2
	>=（大于或等于号）	大于或等于	A1>=A2
	<=（小于或等于号）	小于或等于	A1<=A2
	<>（不等号）	不等于	A1<>A2
文本 运算符	&（连字符）	将两个文本连接起来产生连续的文本	"2013"&"年"
引用 运算符	:（冒号）	区域运算符，两个引用单元格之间 的区域引用	A1:D4
	,（逗号）	联合运算符，将多个引用合并为一个引用	SUM(A1:D1,A2:C2)
	（空格）	交集运算符，两个引用中所共有 的单元格的引用	A1:D1　A1:B4

2. 计算售出的各类图书金额占总销售金额的百分比

打开"图书销售情况"工作簿，在工作表"销售情况表"的 F2 单元格内输入"销售额占比"，利用运算表达式计算"销售情况表"中各分部售出的各类图书金额占总销售金额的百分比（保留小数点后 1 位），并保存在 F 列相应位置。具体操作步骤如下。

（1）选择 F2 单元格，输入"销售额占比"。

（2）在 D12 单元格输入运算表达式"=SUM(D3:D11)"（求销售额总和），然后按【Enter】键。

（3）选择 F3 单元格，输入运算表达式"=D3/$D$12"，然后按【Enter】键。

（4）选择 F3 单元格，然后使用"开始"选项卡"数字"组中的"百分比样式"和"增加小数位数"功能，将 F3 单元格格式设置为百分比格式且保留小数点后 1 位。

（5）选择 F3 单元格，拖动"填充柄"至 F11 单元格，如图 4-27 所示。

F3			fx	=D3/$D$12		
	A	B	C	D	E	F	G
1	某图书销售公司销售情况表						
2	经销部门	图书类别	数量（册）	销售额（元）	单册平均价	销售额占比	
3	第1分部	计算机类	1596	111720	70.00	17.2%	
4	第2分部	计算机类	1290	90300	70.00	13.9%	
5	第3分部	计算机类	1540	107800	70.00	16.6%	
6	第1分部	社科类	1615	80750	50.00	12.4%	
7	第2分部	社科类	993	49650	50.00	7.6%	
8	第3分部	社科类	1232	56760	46.07	8.7%	
9	第1分部	少儿类	2126	63780	30.00	9.8%	
10	第2分部	少儿类	1497	44910	30.00	6.9%	
11	第3分部	少儿类	1492	44760	30.00	6.9%	
12				650430			
13							

图 4-27　使用绝对地址

> **提示：**
> 在这个案例中，分母中单元格地址的引用必须使用绝对地址"$D$12"，否则在进行数据填充时该地址会发生相应的变化，从而得到错误结果。

> **说一说**
> 举例说明使用运算表达式是如何提高工作效率的。

4.2.2　使用函数

在 Excel 中，函数是一种预置的运算表达式，它在得到输入值后就会执行运算，完成指定的操作任务，然后返回结果值。其目的是简化和缩短工作表中的运算表达式，特别适用于执行复杂的运算表达式。在掌握运算表达式的基础上，小华开始学习使用函数来进行更加复杂、更加实用的数据计算。

函数作为特殊的运算表达式，由三部分组成，分别为函数名、参数和返回值，表现形式为"函数名(参数)"。

函数通过运算后，会得到一个或几个运算的结果，返回给用户或运算表达式。如果提供的参数不合理，函数运算后会得到一个错误的结果，这时函数将返回一个错误值。例如，运算后返回错误值为"#VALUE!"，则表示此时使用的参数或运算操作符与数据项不匹配。

下面将和小华一起结合案例学习使用一些常用函数，如表 4-3 所示。

表 4-3　常用函数

序　号	函数名及格式	功　能	参　数　说　明
1	MAX(number1,[number2],…)	计算一组数值中的最大值	参数 number1、number2……代表需要求最大值的数值或引用的单元格（或区域）地址
2	MIN(number1,[number2],…)	计算一组数值中的最小值	参数 number1、number2……代表需要求最小值的数值或引用的单元格（或区域）地址
3	SUM(number1,[number2],…)	计算所有参数所代表数值的和	参数 number1、number2……代表需要求和的值，可以是具体的数值、引用的单元格（或区域）、逻辑值等
4	AVERAGE(number1,[number2],…)	计算所有参数所代表数值的算术平均值	参数 number1、number2……代表需要求平均值的数值或引用的单元格（或区域）地址
5	MODE(number1,[number2],…)	返回数据集中出现最多的数值	参数 number1、number2……代表需要求数据集中出现最多的数值或引用单元格（或区域）地址
6	RANK(number,ref,[order])	返回某一数值在一列数值中相对于其他数值的排位	参数 number 代表需要排序的数值；参数 ref 代表排序数值所处的单元格区域；参数 order 代表排序方式参数〔如果为"0"或者忽略，则按降序排序，即数值越大，排名结果数值越小；如果为非"0"值（一般为1），则按升序排序，即数值越大，排名结果数值越大〕
7	COUNT(value1,[value 2],…)	计算参数列表中数值的个数	参数 value1、value2……代表包含数值的单元格地址及参数列表中的数值。另外，还有COUNTA()函数，用于求"非空"单元格个数；COUNTBLANK()函数用于求"空"单元格个数
8	IF(logical_test,[value_if_true],[value_if_false])	根据逻辑判断的"真""假"结果，返回相对应的内容	参数 logical_test 代表逻辑判断表达式；参数 value_if_true 代表当判断条件为逻辑"真"（True）时的显示内容，如果忽略则返回"True"；参数 value_if_false 代表当判断条件为逻辑"假"（False）时的显示内容，如果忽略则返回"False"
9	COUNTIF(range,criteria)	对指定区域中符合指定条件的单元格进行计数	参数 range 代表要统计的单元格区域；参数 criteria 代表产生计数的条件表达式

续表

序　　号	函数名及格式	功　　能	参 数 说 明
10	SUMIF(range,criteria,[sum_range])	计算符合指定条件的单元格区域内的数值之和	参数 range 代表用于条件判断的单元格区域；参数 criteria 代表指定的条件表达式；参数 sum_range 代表需要求和的数值所在的单元格区域
11	ROUND(number,num_digits)	将数值四舍五入到指定小数位数	参数 number 代表需要四舍五入的数值型数字或引用的单元格地址，num_digits 代表四舍五入后需要保留的小数位数

案例一：打开“近三年月平均气温统计表.xlsx”文件，其中 Sheet1 工作表的内容如图 4-28 所示，计算近三年各月平均气温的最高值和最低值，并将其置于“最高值”行和“最低值”行的相应单元格内。具体操作步骤如下。

	A	B	C	D	E	F	G	H	I	J	K	L	M
1	某地区近三年月平均气温统计表(单位：摄氏度)												
2	月份	一月	二月	三月	四月	五月	六月	七月	八月	九月	十月	十一月	十二月
3	2022年	3.1	5.1	10.2	15.9	24.3	27.1	29.3	33.2	26.5	21.8	17.2	9.8
4	2023年	2.5	5.6	10.9	15.1	24.7	29.6	32.1	34.1	27.3	22.1	15.8	11.4
5	2024年	2.2	5.2	10.3	15.3	25.1	28.5	31.9	32.9	24.8	22.4	16.9	10.7
6													
7	最高值												
8	最低值												

图 4-28　近三年月平均气温统计表

（1）选择 B7 单元格，输入“=MAX(B3:B5)”，然后按【Enter】键。

（2）选择 B7 单元格，拖动“填充柄”至 M7 单元格，即可求出近三年各月平均气温的最高值。

（3）选择 B8 单元格，输入“=MIN(B3:B5)”，然后按【Enter】键。

（4）选择 B8 单元格，拖动“填充柄”至 M8 单元格，即可求出近三年各月平均气温的最低值，如图 4-29 所示。

B7　=MAX(B3:B5)

	A	B	C	D	E	F	G	H	I	J	K	L	M
1	某地区近三年月平均气温统计表(单位：摄氏度)												
2	月份	一月	二月	三月	四月	五月	六月	七月	八月	九月	十月	十一月	十二月
3	2022年	3.1	5.1	10.2	15.9	24.3	27.1	29.3	33.2	26.5	21.8	17.2	9.8
4	2023年	2.5	5.6	10.9	15.1	24.7	29.6	32.1	34.1	27.3	22.1	15.8	11.4
5	2024年	2.2	5.2	10.3	15.3	25.1	28.5	31.9	32.9	24.8	22.4	16.9	10.7
6													
7	最高值	3.1	5.6	10.9	15.9	25.1	29.6	32.1	34.1	27.3	22.4	17.2	11.4
8	最低值	2.2	5.1	10.2	15.1	24.3	27.1	29.3	32.9	24.8	21.8	15.8	9.8

图 4-29　MAX( )和 MIN( )函数的使用

案例二：打开“图书销售情况”工作簿，利用函数计算工作表“销售情况表”中各分部售出的所有图书的总册数及总金额，并将其保存在 C12 和 D12 单元格内。具体操作步骤如下。

（1）选择 C12 单元格，输入“=SUM(C3:C11)”，然后按【Enter】键。

（2）选择 C12 单元格，拖动“填充柄”至 D12 单元格，即可求出各分部售出的所有图书的总册数及总金额，如图 4-30 所示。

C12 =SUM(C3:C11)

	A	B	C	D
1	某图书销售公司销售情况表			
2	经销部门	图书类别	数量（册）	销售额（元）
3	第1分部	计算机类	1596	111720
4	第2分部	计算机类	1290	90300
5	第3分部	计算机类	1540	107800
6	第1分部	社科类	1615	80750
7	第2分部	社科类	993	49650
8	第3分部	社科类	1232	56760
9	第1分部	少儿类	2126	63780
10	第2分部	少儿类	1497	44910
11	第3分部	少儿类	1492	44760
12			13381	650430

图 4-30　SUM( )函数的使用

可以用同样的方法计算“销售情况表”工作表中各分部售出的所有图书的平均册数及平均销售额，只需将函数换成求平均值的 AVERAGE()函数即可。

案例三：打开“员工调薪统计表.xlsx”文件，如图 4-31 所示，计算 Sheet1 工作表“调薪后工资（元）”列的内容（调薪后工资=现工资+现工资×调薪系数），并利用 MODE()函数计算现工资和调薪后工资的普遍工资金额，将其分别置于 B18 和 D18 单元格内。具体操作步骤如下。

（1）选择 D3 单元格，输入运算表达式“=B3+B3*C3”，然后按【Enter】键。

（2）选择 D3 单元格，向下拖动“填充柄”至 D17 单元格，即可求出所有员工调薪后的工资。

（3）选择 B18 单元格，输入“=MODE(B3:B17)”，然后按【Enter】键，即可求出现工资的普遍金额。

（4）同理，选择 D18 单元格，输入“=MODE(D3:D17)”，然后按【Enter】键，即可求出调薪后工资的普遍金额，如图 4-32 所示。

	A	B	C	D
1	某公司员工调薪统计表			
2	员工号	现工资(元)	调薪系数	调薪后工资(元)
3	AS1	2400	35%	
4	AS2	2200	20%	
5	AS3	2000	35%	
6	AS4	2500	40%	
7	AS5	2700	25%	
8	AS6	2200	25%	
9	AS7	2800	35%	
10	AS8	3800	20%	
11	AS9	2500	20%	
12	AS10	2200	30%	
13	AS11	2500	35%	
14	AS12	2500	40%	
15	AS13	2800	30%	
16	AS14	2200	35%	
17	AS15	2500	40%	
18	普遍工资			

图 4-31　员工调薪统计表

D18 =MODE(D3:D17)

	A	B	C	D
1	某公司员工调薪统计表			
2	员工号	现工资(元)	调薪系数	调薪后工资(元)
3	AS1	2400	35%	3240
4	AS2	2200	20%	2640
5	AS3	2000	35%	2700
6	AS4	2500	40%	3500
7	AS5	2700	25%	3375
8	AS6	2200	25%	2750
9	AS7	2800	35%	3780
10	AS8	3800	20%	4560
11	AS9	2500	20%	3000
12	AS10	2200	30%	2860
13	AS11	2500	35%	3375
14	AS12	2500	40%	3500
15	AS13	2800	30%	3640
16	AS14	2200	35%	2970
17	AS15	2500	40%	3500
18	普遍工资	2500		3500

图 4-32　MODE( )函数的使用

案例四：打开"图书销售情况"工作簿，在工作表"销售情况表"的 G2 单元格内输入"销售额排名"，利用函数计算工作表"销售情况表"中各分部售出的各类图书的销售额按降序排列的排名，并将其保存在 G 列相应位置。具体操作步骤如下。

（1）选择 G2 单元格，输入"销售额排名"。

（2）选择 G3 单元格，输入运算表达式"=RANK(D3,$D$3:$D$11,0)"，然后按【Enter】键。

（3）选择 G3 单元格，拖动"填充柄"至 G11 单元格，如图 4-33 所示。

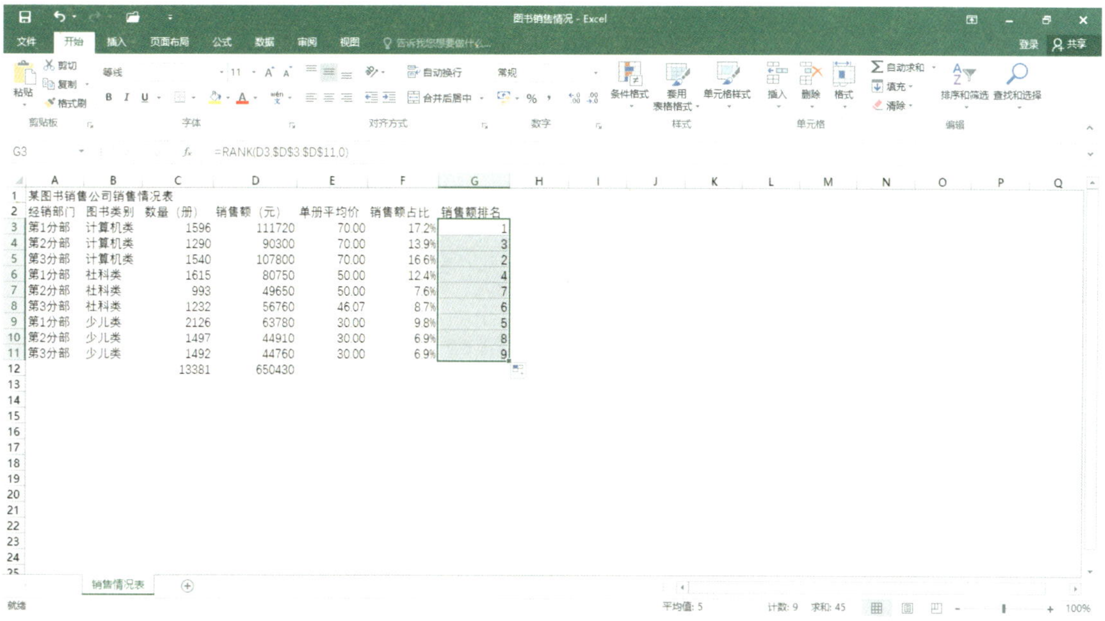

图 4-33　RANK()函数的使用

案例五：打开"产品 2024 年销量统计表.xlsx"文件，首先计算 Sheet1 工作表中"全年销量"行的数据，将其置于 B15 单元格内；再计算"所占百分比"列的数据（所占百分比＝月销售量/全年销量，百分比型，小数点后保留 2 位）；如果"所占百分比"列内容大于或等于 8%，则在"备注"列内显示文字"良好"，反之在"备注"列内显示文字"一般"。具体操作步骤如下。

（1）选择 B15 单元格，输入表达式"=SUM(B3:B14)"，然后按【Enter】键。

（2）选择 C3 单元格，输入表达式"=B3/$B$15"，然后按【Enter】键。再次选择 C3 单元格，设置单元格格式为百分比型、小数点后保留 2 位，即可求出 1 月销量占全年销量的百分比。

（3）选择 C3 单元格，向下拖动"填充柄"至 C14 单元格，即可求出各月销量占全年销量的百分比。

（4）选择 D3 单元格，输入"=IF(C3>=8%,"良好","一般")"，然后按【Enter】键。再次选择 D3 单元格，向下拖动"填充柄"至 D14 单元格，如图 4-34 所示。

案例六：打开"单位人员情况表.xlsx"文件，利用 COUNTIF()函数计算 Sheet1 工作表中职称为"高工""工程师"和"助工"的人数，将其分别置于 G5～G7 单元格。具体操作步骤如下。

（1）选择 G5 单元格，输入表达式"=COUNTIF(D3:D12,"高工")"，然后按【Enter】键。

（2）然后分别选择 G6、G7 单元格，输入表达式"=COUNTIF(D3:D12,"工程师")"和"=COUNTIF(D3:D12,"助工")"后按【Enter】键，即可求出各职称人数，如图 4-35 所示。

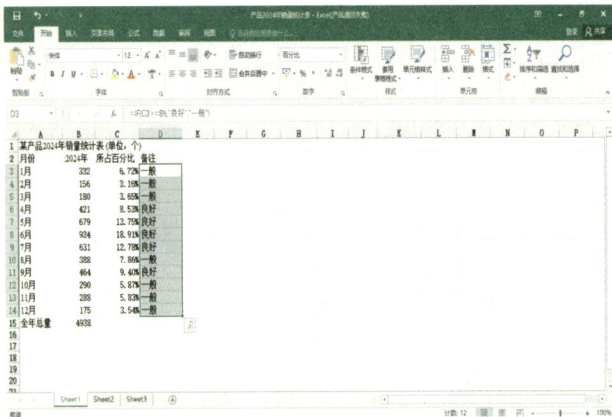

图 4-34　IF()函数的使用

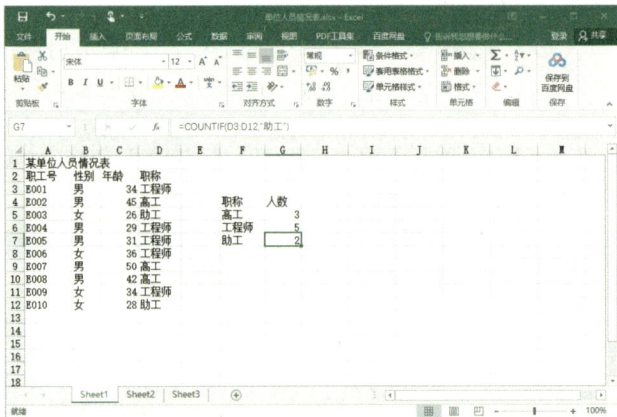

图 4-35　COUNTIF()函数的使用

案例七： 打开"学生成绩表.xlsx"文件，首先计算 Sheet1 工作表中学生的"平均成绩"列的数据（设置为数值型，小数点后保留 2 位）；然后利用 COUNTIF()函数计算第一组学生的人数，置于 G3 单元格内；最后，利用 SUMIF()函数计算第一组学生的平均成绩，置于 G5 单元格内。具体操作步骤如下。

（1）选择 F3 单元格，输入表达式"=AVERAGE(C3:E3)"后按【Enter】键，并设置数字格式为数值型，小数点后保留 2 位。

（2）选择 F3 单元格，向下拖动"填充柄"至 F12 单元格，即可求出所有学生的三门课平均成绩。

（3）选择 G3 单元格，输入表达式"=COUNTIF(B3:B12,"第一组")"后按【Enter】键，即可求出第一组人数。

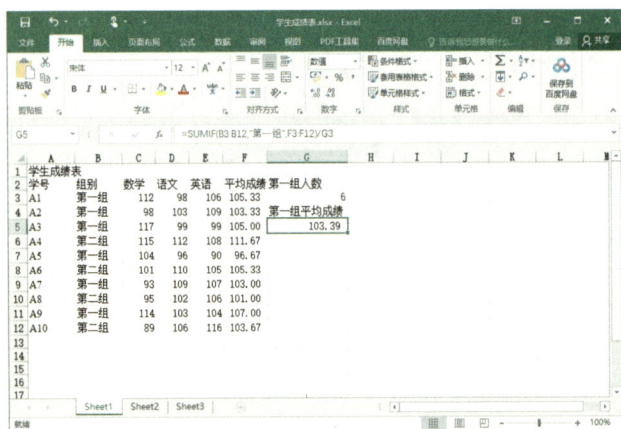

图 4-36　SUMIF()函数的使用

（4）单击选择 G5 单元格，输入"=SUMIF(B3:B12,"第一组",F3:F12)/G3"后按【Enter】键，即可求出第一组的平均成绩，如图 4-36 所示。

在上述案例中，数值格式可以通过 Excel 中的"设置单元格格式"对话框进行设置，也可以使用 ROUND()函数进行设置。函数可以嵌套使用，函数的嵌套是指一个函数可以作为另一个函数的参数使用。例如，在案例七中，F3 单元格中的运算表达式可修改为"=ROUND(AVERAGE(C3:E3),2)"，便可以直接将计算结果保留小数点后 2 位，其中，ROUND()

作为一级函数，AVERAGE()作为二级函数，先执行 AVERAGE()函数，再执行 ROUND()函数。

> 💬 说一说
>
> 在处理复杂数据时准确使用函数对提高工作质量和效率有哪些帮助？

4.2.3　整理数据

Excel 不仅具有计算、处理数据的功能，还具有强大的数据管理分析功能。小华利用创建的"图书销售情况"工作簿，按照老师的要求，通过 Excel 的排序、筛选和分类汇总等数据管理功能，提高表格数据的管理能力。

◆ **操作步骤**

1. 数据排序

打开"图书销售情况"工作簿，对工作表"销售情况表"中的数据以"数量（册）"为关键字，按降序进行排序。具体操作步骤如下。

（1）单击数据清单中的任一单元格。

（2）单击"数据"选项卡"排序和筛选"组中的"排序"按钮，打开"排序"对话框，如图 4-37 所示。

（3）在"排序"对话框中，"主要关键字"选择"数量（册）"，"次序"选择"降序"。

图 4-37　"排序"对话框

（4）单击"确定"按钮，表格数据按设置条件进行排序。

> **提示：**
>
> 对表格进行操作时，可以按多个关键字（使用"添加条件"按钮）进行排序。

2. 自动筛选

打开"图书销售情况"工作簿，对工作表"销售情况表"内的数据清单内容进行自动筛选，筛选条件为"第 2 分部"且销售额排名在前五名。具体操作步骤如下。

（1）单击单元格 A2。

（2）单击"数据"选项卡"排序和筛选"组中的"筛选"按钮。

（3）单击 A2 单元格右侧下拉按钮，仅选择"第 2 分部"，如图 4-38 所示。

（4）单击 G2 单元格右侧下拉按钮，选择"数字筛选"→"自定义筛选"命令，如图 4-39 所示。在弹出的"自定义自动筛选方式"对话框的"销售额排名"栏第一个下拉列表框中选择"小于或等于"，右侧文本框中输入"5"，然后单击"确定"按钮。

图 4-38　"筛选"列表

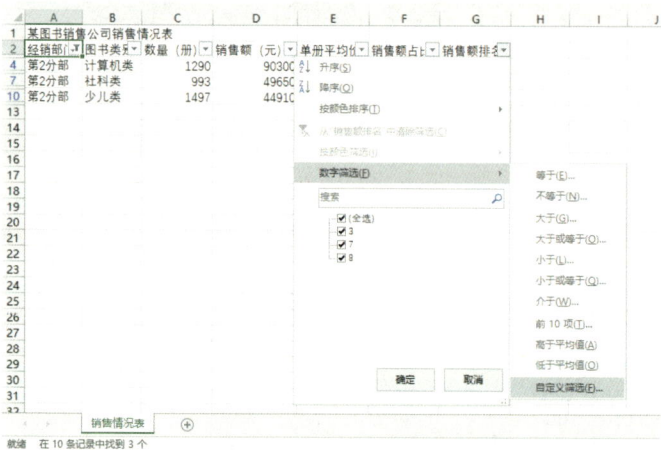

图 4-39　"自定义筛选"命令

若要取消筛选状态，再次单击"数据"选项卡的"排序和筛选"组中的"筛选"按钮，数据清单便恢复到筛选前的状态。

3．分类汇总

图 4-40　"分类汇总"对话框

打开"图书销售情况"工作簿，对工作表"销售情况表"内的数据清单内容进行分类汇总，汇总计算各分部图书销售的总册数及总金额。具体操作步骤如下。

（1）以"经销部门"为主要关键字对数据清单进行排序。

（2）选择 A2:G11 单元格区域，单击"数据"→"分级显示"→"分类汇总"按钮，弹出"分类汇总"对话框。

（3）在"分类汇总"对话框中，"分类字段"选择"经销部门"，"汇总方式"选择"求和"，"选定汇总项"选择"数量（册）"和"销售额（元）"，勾选"汇总结果显示在数据下方"复选框，单击"确定"按钮，如图 4-40 所示。

若要取消分类汇总状态，单击"数据"→"分级显示"→"分类汇总"按钮，弹出"分类汇总"对话框，如图 4-40 所示，单击"全部删除"按钮，数据清单便恢复到分类汇总前的状态。

提示：

在执行"分类汇总"操作前，一定要以"分类字段"为主要关键字对数据清单进行排序。

4．高级筛选

打开"图书销售情况"工作簿，对工作表"销售情况表"内的数据清单的内容进行高级筛选操作，筛选出全部社科类图书和销售额排名在前五位的图书，并将筛选结果复制到 A20 开始的单元格区域中。具体操作步骤如下。

（1）在 A14:G16 单元格区域进行筛选条件的建立和编辑，如图 4-41 所示。

（2）选择 A2:G11 单元格区域，单击"数据"→"排序和筛选"→"高级"按钮。

（3）在弹出的"高级筛选"对话框中，设置"方式"为"将筛选结果复制到其他位置"。利用切换按钮在数据清单中选择"列表区域"为"销售情况表!$A$2:$G$11"，"条件区域"为"销售情况表!$A$14:$G$16"，"复制到"为"销售情况表!$J$2"，如图 4-42 所示。

14	经销部门	图书类别	数量（册）	销售额（元）	单册平均价	销售额占比	销售额排名
15		社科类					
16							<=5

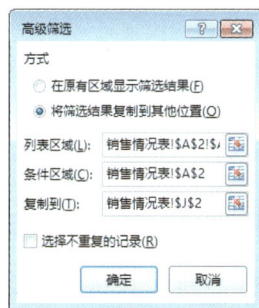

图 4-41　条件区域　　　　　　　　　　　图 4-42　"高级筛选"对话框

（4）单击"确定"按钮，完成筛选，筛选后的结果如图 4-43 所示。

图 4-43　高级筛选结果

提示：

编辑筛选条件时，条件之间是"与"（并且）关系的，放在同一行上；条件之间是"或"关系的，放在不同行上。

说一说

在整理数据的过程中，如何体现一丝不苟的工匠精神？

任务 3 分析数据

数据查询和分析是整个数据处理过程的最终目的，数据处理软件如 Excel 一般都提供一定的数据查询和分析功能。关于数据查询，可以通过软件的"查找"功能来简单完成，也可以利用 LOOKUP()、VLOOKUP() 等函数进行，还可以利用"数据"选项卡中的多种功能性工具建立相应的查询。分析数据思维导图如图 4-44 所示。

图 4-44　分析数据思维导图

◆　**任务情景**

根据老师提出的进一步的数据分析要求，小华利用 Excel 中的"数据透视表"工具，对不同类别之间的数据进行比较和分析，并使用"图表"功能将表格中的数据进行了更具比较性的可视化的展现。

◆　**任务分析**

根据任务需求，小华需要分别使用"数据透视表"和"图表"功能进行数据分析。现将任务分解成以下过程。

（1）利用"数据透视表"工具，获得不同经销部门及不同图书类别的相关销售情况统计信息。

（2）根据需求和数据清单的数据特点，创建出更具比较性和直观性的图表类型。

（3）对所创建的图表进行编辑和美化。

4.3.1　简单分析数据

在 Excel 中，数据透视表是一种对大量数据进行快速汇总和建立交叉比较的交互式表格。使用数据透视表可以从多种不同的角度深入分析数据，可在汇总数量较大的数字列表并要对各种数据进行多重比较时使用。小华在掌握数据运算的基础上，开始利用获取的数据进行分析、比较，通过对图书销售情况表创建数据透视表的过程，掌握利用"数据透视表"工具对复杂数据进行相关分析的技巧。

◆　**操作步骤**

（1）打开最初创建的"图书销售情况"工作簿，选择工作表"销售情况表"。

（2）单击选择数据清单内任一单元格。

（3）单击"插入"→"表格"→"数据透视表"按钮，打开"创建数据透视表"对话框，如图 4-45 所示。

图 4-45 "创建数据透视表"对话框

（4）在"创建数据透视表"对话框中，首先选择用于创建数据透视表的数据清单，然后选择数据透视表的放置位置（此处选中"现有工作表"单选按钮，在下拉菜单中选择"销售情况表!$A$15"起始的区域），单击"确定"按钮，进入数据透视表创建界面，如图 4-46 所示。

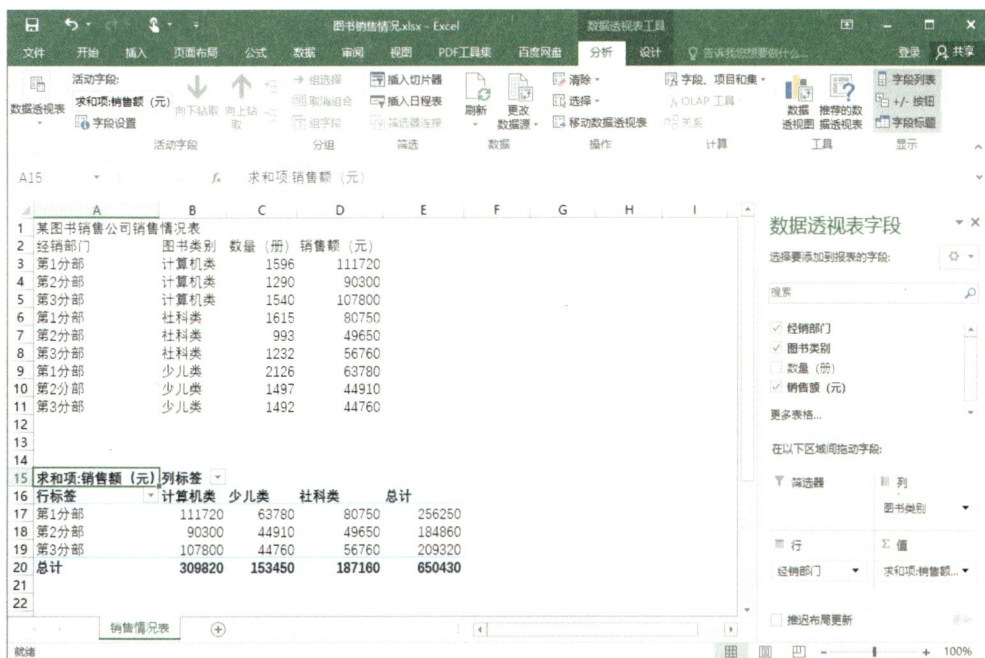

图 4-46 数据透视表创建界面

（5）在右侧窗格"选择要添加到报表的字段"区域中，将"经销部门"字段拖到"行"标签区域；将"图书类别"字段拖到"列"标签区域；将"销售额（元）"字段拖到"值"标签区域。与此同时，在指定存放位置会出现数据透视表。

通过数据透视表的创建，可以对数据清单按多个类别进行重新布局和分类汇总，并且能立即得出结果，可以非常方便地对不同类别之间的数据进行比较和分析。

> **提示：**
>
> 在"值"标签区域中，可以通过单击下拉标识后出现的菜单中的"值字段设置"选项来改变数据的计算方式。

> **说一说**
>
> 在数据分析过程中，应秉持哪些职业精神？

4.3.2 制作简单数据图表

图表是数据的一种可视化表现形式。通过使用柱形图或折线图等图表，可按照图形格式显示系列数值数据，形象、直观地展示数值大小及其变化趋势，让数据与图形联系起来。

在老师的指引下，小华在已经完成的数据清单基础上，学习创建图形化、直观性更好的数据图表的基本方法。

◆ **操作步骤**

1. 生成三维簇状柱形图

（1）打开"图书销售情况"工作簿，新建一个工作表并在其中创建如图 4-47 所示数据内容，将此工作表命名为"销售统计表"。

	A	B	C	D	E
1	销售部门	计算机类	少儿类	社科类	总计
2	第1分部	111720	63780	80750	256250
3	第2分部	90300	44910	49650	184860
4	第3分部	107800	44760	56760	209320

图 4-47　销售统计表

（2）选中"销售部门"、"计算机类"、"少儿类"和"社科类"所在列的数据区域，确定图表所需的数据源。

（3）单击"插入"选项卡"图表"组右下角的对话框启动器，打开"插入图表"对话框，如图 4-48 所示。单击"所有图表"选项卡，在左侧列表中选择"柱形图"选项，在右侧列表中选择"三维簇状柱形图"选项，单击"确定"按钮即可生成图表，如图 4-49 所示。

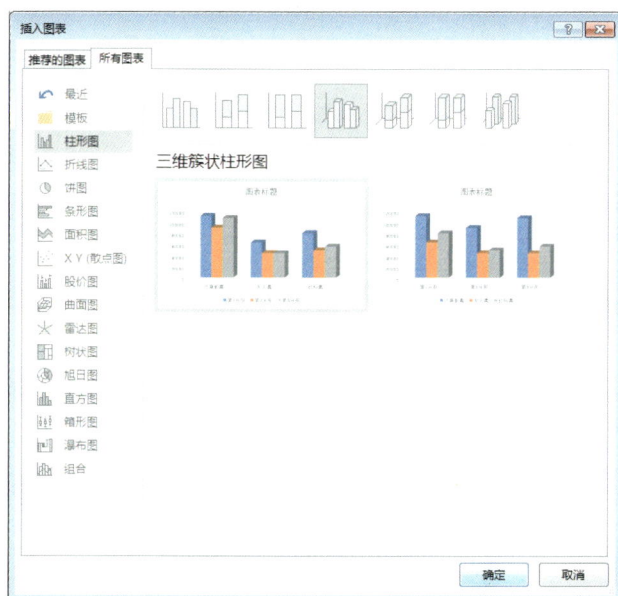

图 4-48　"插入图表"对话框

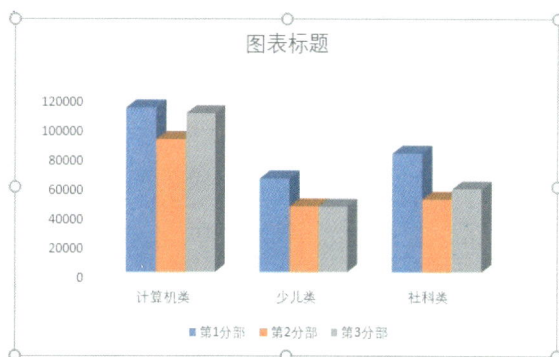

图 4-49　三维簇状柱形图效果

提示：

创建工作表"销售统计表"的数据内容时，可以从前面的数据透视表中进行复制、粘贴。

2. 图表组成元素编辑

（1）更改图表行列。

如果需要更改图表中数据序列的顺序，可在选中图表后，在"图表工具/设计"选项卡"数据"组内单击"切换行/列"按钮即可，可以满足从不同角度分析比较数据的要求。如图 4-50 所示即为对如图 4-49 所示的图表进行"切换行/列"操作的结果。

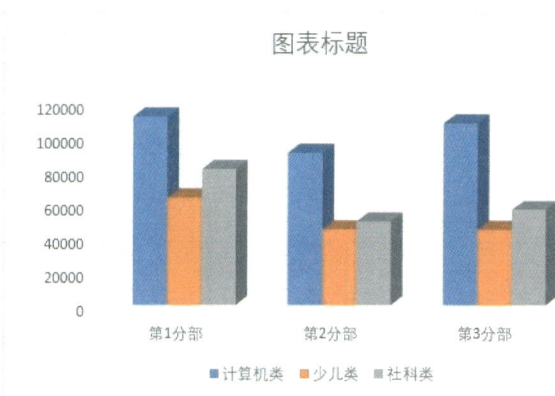

图 4-50　"切换行/列"操作的结果

（2）图表标签设置。

① 设置图表标题。

选中图表后，打开"图表工具/设计"选项卡，单击"图表布局"组中的"添加图表元素"下拉按钮，在弹出的下拉菜单中选择"图表标题"→"图表上方"命令，使图表区上方出现"图表标题"字样。选中这个对象，可将其修改为"图书销售统计"。

② 设置坐标轴标题。

选中图表后，打开"图表工具/设计"选项卡，单击"图表布局"组中的"添加图表元素"下拉按钮，在弹出的下拉菜单中选择"轴标题"→"主要横坐标轴"命令，即可添加相应的坐标轴标题，如图 4-51 所示。

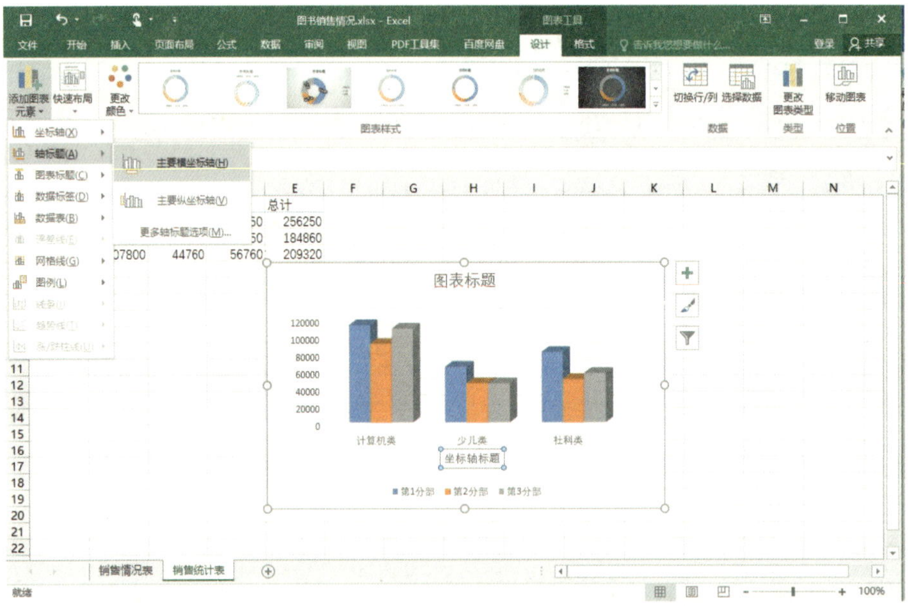

图 4-51　设置坐标轴标题

③ 调整图例位置。

选中图表后，打开"图表工具/设计"选项卡，单击"图表布局"组中的"添加图表元素"下拉按钮，在弹出的下拉菜单中选择"图例"命令，即可决定图例在图表中放置的位置。

④ 添加数据标签。

选中图表后，打开"图表工具/设计"选项卡，单击"图表布局"组中的"添加图表元素"下拉按钮，在弹出的下拉菜单中选择"数据标签"→"数据标注"命令，此时在图表区中显示数据标签，如图 4-52 所示。

（3）坐标轴设置。

选中图表后，打开"图表工具/设计"选项卡，单击"图表布局"组中的"添加图表元素"下拉按钮，在弹出的下拉菜单中选择"坐标轴"或"网格线"命令，在子菜单中单击相关命令，可对坐标轴或相应的网格线格式进行设置。

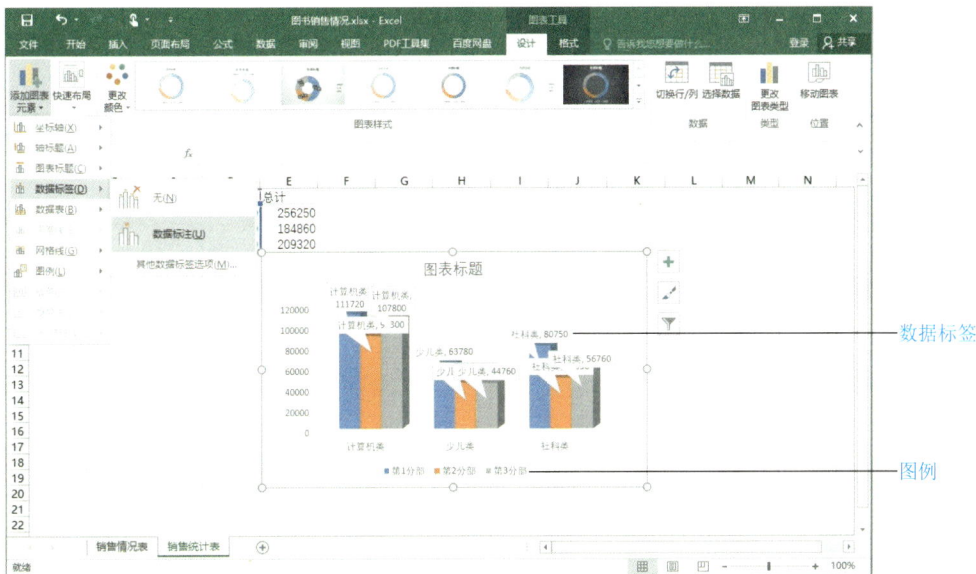

图 4-52　添加"数据标签"

（4）设置图表区格式。

选中图表后，打开"图表工具/格式"选项卡，单击"当前所选内容"组中的"设置所选内容格式"按钮，在工作表右侧显示"设置图表区格式"窗格，单击"图表选项"右侧下拉按钮，即可对图表中各元素的填充、边框、文本等进行设置，如图 4-53 所示。

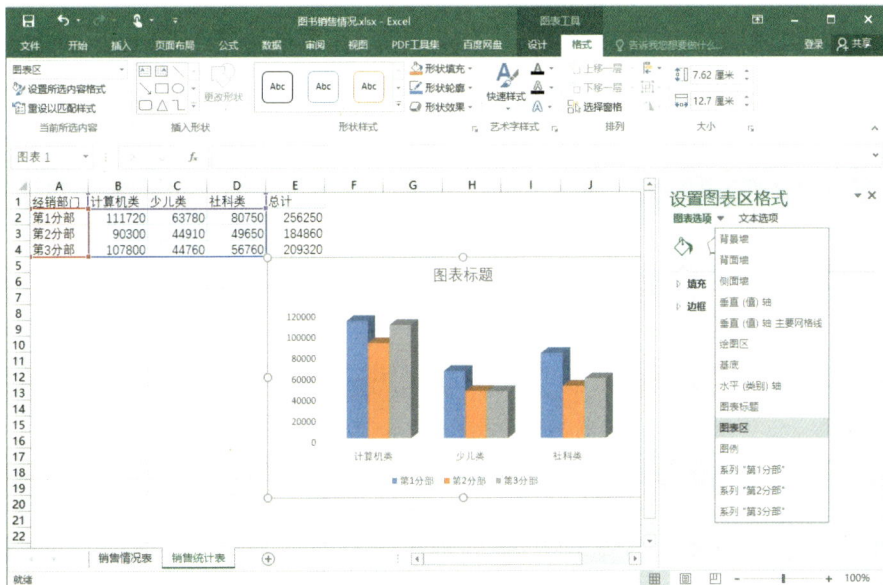

图 4-53　"设置图表区格式"窗格

（5）更改图表类型。

选中图表后，打开"图表工具/设计"选项卡，单击"类型"组中的"更改图表类型"按钮，弹出"更改图表类型"对话框，可根据实际需求选择更为直观的图表类型，此处选择圆环图示例，如图 4-54 和图 4-55 所示。

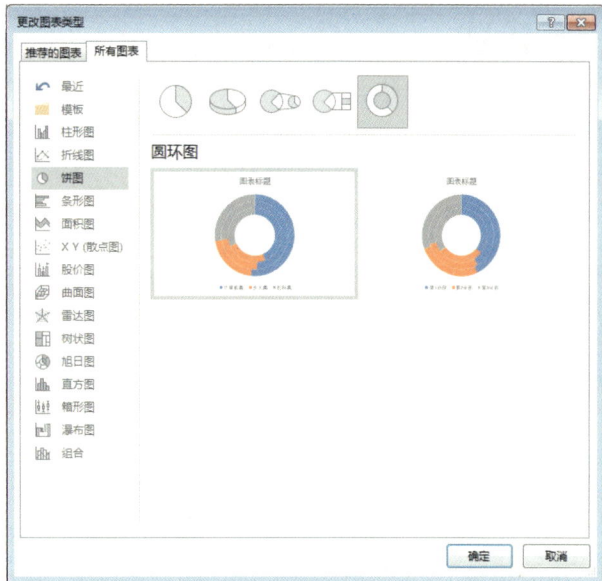

图 4-54 "更改图表类型"对话框

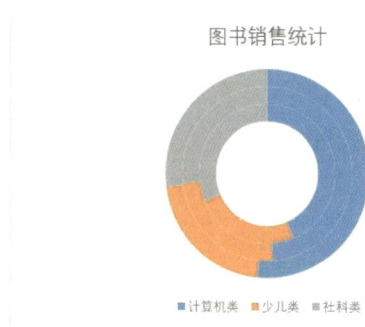

图 4-55 圆环图示例

💬 说一说

在制作简单数据图表过程中，如何体现追求卓越的工匠精神？

任务 4 初识大数据

现代社会是一个高速发展、科技发达、信息快速流通的社会，人们之间的交流越来越密切，大数据也应运而生。随着云时代的来临，大数据（Big Data）一词越来越多地被人们提及，也吸引了越来越多的关注。

当前，全社会信息量爆炸式增长，数量巨大、来源分散、格式多样的大数据对人们提出了新的挑战，也带来了新的机遇。大数据的应用越来越彰显其优势，所涉及的领域也越来越多，如无人驾驶、智慧城市、生态监测……大数据几乎无所不在，并正在改变着人们生活的方方面面。大数据正在助推企业不断发展新业务、创新运营模式。

人们既要高度重视大数据带来的机遇，也绝不能忽略大数据产生的安全问题，更要充分认识加强大数据运用对维护国家安全、提升国家治理能力、提高经济社会运行效率的重大意义。初识大数据思维导图如图 4-56 所示。

大数据的定义和产生　　大数据的特征与作用　　大数据的处理流程　　初识大数据　　大数据的采集方法　　大数据的分析方法　　数据安全

图 4-56　初识大数据思维导图

◆　**任务情景**

小华学习了基本的数据处理知识和方法后，对数据处理产生了浓厚的兴趣，并在老师的引导下，开始了解有关大数据的基本知识。

◆　**任务分析**

学习大数据，必须从大数据的基础知识开始，在了解大数据基本知识的基础上，再进一步了解大数据的采集和分析方法。在老师的指引下，小华将学习任务分解成以下过程。

（1）了解大数据基础知识。

（2）了解大数据的采集和分析方法。

4.4.1　大数据基础知识

近几年，大数据发展迅猛，数据规模越来越大，数据处理的难度也越来越大。对小华来说，大数据是一个全新的领域，必须从基础知识开始学习。

1. 大数据的定义

大数据研究机构 Gartner 将大数据定义为：大数据是一种无法在一定时间范围内用常规软件工具进行捕捉的，需要新处理模式才能使其具有更强的决策力、洞察发现力和流程优化力来适应海量、高增长和多样化的信息资产。

麦肯锡全球研究院将大数据定义为：大数据是一种规模大到在获取、存储、管理、分析等方面远远超出了传统数据库软件工具能力范围的数据集合，具有海量的数据规模、快速的数据流转、多样的数据类型和价值密度低四大特征。

维基百科将大数据定义为：大数据是指一些使用传统数据库管理工具或数据处理应用很难处理的大型而复杂的数据集。

2. 大数据的发展

2005 年，Hadoop 项目诞生。Hadoop 本身不是一个产品，而是由多个软件产品组成的一个生态系统，这些软件产品共同实现了功能全面且灵活的大数据分析。从技术上看，Hadoop 由两项关键服务构成：采用 Hadoop 分布式文件系统（HDFS）的可靠数据存储服务和利用一种叫作 MapReduce 技术的高性能并行数据处理服务。这两项服务的共同目标是，提供一个使结构化和复杂数据的快速、可靠分析变为现实的基础。

2008 年末，计算社区联盟（Computing Community Consortium）发表了一份有影响力的白皮书《大数据计算：在商务、科学和社会领域创建革命性突破》。白皮书提出：大数据真正重要的是新用途和新见解，而非数据本身。它使人们的思维不再局限于数据处理的机器。

2010 年 2 月，大数据专题报告——《数据，无所不在的数据》在《经济学人》杂志上发表。报告中提到："世界上有着无法想象的巨量数字信息，并以极快的速度增长。"从金融界到科学界，从政府部门到艺术领域，很多方面都已经感受到了这种海量信息的影响。科学家和计算机工程师已经为这个现象创造了一个新词汇——大数据。

2011 年 5 月，麦肯锡全球研究院发布了一份报告——《大数据：创新、竞争和生产力的下一个新领域》，自此大数据开始备受关注。

2011 年 11 月，我国工业和信息化部发布的《物联网"十二五"发展规划》中，将信息处理技术作为四项关键技术创新工程之一提出来，其中包括了海量数据存储、数据挖掘、图像视频智能分析，这些都是大数据的重要组成部分。

2015 年 8 月，国务院印发《促进大数据发展行动纲要》，标志着我国在顶层设计上对大数据的实践与实施做出了总体部署。

2016 年 12 月，我国工业和信息化部印发《大数据产业发展规划（2016－2020 年）》，全面部署"十三五"时期大数据产业发展工作，加快建设数据强国，为实现制造强国和网络强国提供强大的产业支撑。

2018 年 6 月，国家市场监督管理总局、中国国家标准化管理委员会发布中国首个国家大数据交易标准《信息技术 数据交易服务平台 交易数据描述》（GB/T 36343—2018），该标准由中国电子技术标准化研究院、贵阳大数据交易所有限责任公司等单位起草，从 2019 年 1 月 1 日起正式实施。

2020 年 12 月，中国（上海）大数据产业创新峰会成功举办，会上发布了一批公共数据开放应用试点项目及大数据联合创新实验室建设成果；10 个部门获颁公共数据开放应用成效突出部门；成立了"上海国际数据港产业合作共同体"；举行了开放数据赛事联盟各赛事颁奖仪式；揭幕了一批数智创新载体。至此，上海大数据产业发展和创新应用"十三五"完成收官，大数据赋能城市数字化转型全新起步。

2021 年 6 月，《中华人民共和国数据安全法》由中华人民共和国第十三届全国人民代表大会常务委员会第二十九次会议通过，自 2021 年 9 月 1 日起施行。

2022 年 3 月，国务院政府工作报告明确提出："促进数字经济发展。加强数字中国建设整体布局。建设数字信息基础设施，逐步构建全国一体化大数据中心体系，推进 5G 规模化应用，促进产业数字化转型，发展智慧城市、数字乡村。"大数据发展持续演进和迭代，政策环境持续优化，技术创新能力不断增强，产业融合发展不断加快，数据价值逐渐释放，数据安全得到进一步保障。

2022 年 12 月，《中共中央国务院关于构建数据基础制度更好发挥数据要素作用的意见》发布，明确建立数据资源持有权、数据加工使用权、数据产品经营权等分置的产权运行机制，提出数据要素流通交易、收益分配、安全治理等制度设计。

2023 年 10 月，国家数据局正式挂牌成立。同年 12 月，国家数据局等 17 部门联合印发《"数据要素×"三年行动计划（2024—2026 年）》，选取工业制造、现代农业、商贸流通、交通运输、金融服务、科技创新、文化旅游、医疗健康、应急管理、气象服务、城市治理、绿色低碳等 12 个行业和领域，推动发挥数据要素乘数效应，释放数据要素价值。

2025 年 1 月，国家发展改革委、国家数据局印发《公共数据资源登记管理暂行办法》，规范公共数据资源登记工作，构建全国一体化公共数据资源登记体系，促进公共数据资源合规高效开发利用。

3. 大数据的特征（5V）

大数据主要有五大特征，包括体量大（Volume）、多样化（Variety）、速度快（Velocity）、真实性（Veracity）和价值密度低（Value）。大数据的"5V"特征表明，大数据不仅仅是数据海量，而且对大数据的分析和处理将更加复杂、速度更快且更注重时效。

（1）体量大。

大数据的特征首先就体现为"大"，之所以产生如此巨大的数据量，一是由于各种传感器的使用，二是由于通信工具的使用，三是由于集成电路价格降低。

（2）多样化。

大数据包括结构化、半结构化和非结构化数据。广泛的数据来源，决定了大数据形式的多样性。在早期，电子表格和数据库是大多数应用程序考虑的数据源。现如今，网络日志、音视频、图片、地理位置信息等内容也被考虑在分析应用程序的范围内。

（3）速度快。

大数据具有时效性，如果采集到的数据不经过流转，最终只会过期报废。相较于传统的数据挖掘，速度快是大数据最显著的特征之一。随着移动网络的发展，人们对数据的实时应用需求更加普遍，如通过移动终端设备关注天气、交通、物流等信息。

（4）真实性。

大数据中的内容是与现实世界中事物的发生和发展息息相关的，要保证数据的准确性和可信赖度。

（5）价值密度低。

众所周知，大数据虽然拥有海量的信息，但是真正可用的数据可能只有很小一部分，从海量的数据中筛选一小部分数据本身就需要巨大的工作量，所以大数据的分析也常和云计算联系到一起。如何结合业务逻辑并通过强大的机器算法来挖掘数据价值，是大数据时代最需要解决的问题之一。

4．大数据的作用

（1）新一代信息技术融合应用的关键在于对大数据的处理和分析。

物联网、移动互联网、社交网络及电子商务等是新一代信息技术的应用形态，这些应用在运行过程中逐渐产生了大量数据。云计算为这些多样性强、数量大的数据提供了运算和存储的平台，通过综合的数据处理、分析、管理、优化等过程，云平台将数据处理结果反馈到上一层的技术应用中，从而使人类从大数据中获得更大的社会和经济价值。如图 4-57 所示，展示的是百度提供的云平台——百度智能云。大数据加快了信息技术融合的脚步，在这种技术融合的过程中，科学的数据分析需求也促进了信息管理创新环境的形成与发展。

图 4-57　百度智能云

（2）大数据成为信息产业不断发展的新途径。

随着大数据及其相关技术的不断发展，面向大数据市场的新产品、新技术、新业态及新服务逐渐出现，并且发展迅速。例如，在集成设备与硬件方面，大数据技术会对存储、芯片产业的发展与创新发挥至关重要的作用，还会促进一体化内存计算、存储代理服务器等市场的发展；在信息服务领域，大数据将加快数据挖掘技术的发展，提高数据的处理分析速度，以及推动软件产品开发业的发展。

（3）大数据成为提升核心竞争力的关键因素。

随着信息技术的发展，越来越多的行业步入了转型发展的轨道，企业决策从业务驱动逐渐向数据驱动转变。通过对大量消费者数据进行分析，可以支持企业推出更加有效和精准的营销策略，为企业制定更符合消费者需求的个性化服务措施，大数据应用成为增强企业核心竞争力的关键因素。在公共事务领域，如医疗领域，病例大数据分析应用能够提升病症诊断的准确性、药物疗效的可靠性等，进一步推动智慧医疗的发展；公共服务领域，大数据平台的建设也逐步在社会生活中发挥重要作用，智慧城市、智慧交通、智慧教育等的发展无不是以大数据云平台建设为基础保障。大数据应用在保持社会稳定、加快经济发展、提升国家综合竞争力等过程中发挥了重要作用。如图 4-58 所示为国家教育资源公共服务平台。

图 4-58　国家教育资源公共服务平台

（4）大数据时代科学研究方法也会出现相应变化。

大数据及其相关技术对于科研方面的影响日益显现。例如，社会科学的基本研究方法之一为抽样调查，而在大数据时代，抽样调查已经不再具有普适性。研究人员可以通过实时跟踪，对研究对象产生的海量数据进行挖掘分析并找出其规律，制定研究对策并得出相关结论。研究结果不再注重因果关系，而更偏向于相关关系；研究结论不仅关注当下，还更关注对未来的预测。适时调整研究方法，紧跟大数据时代特色，成为学科发展的重要方向。

5. 大数据的处理流程

目前，大数据领域每年都会涌现出大量新的技术，这些技术成为大数据获取、存储、处理分析和可视化的有效手段。大数据技术能够将大规模数据中隐藏的有价值信息和知识挖掘出来，为人类社会经济活动提供依据，提高各个领域的运行效率，乃至提升整个社会经济的集约化程度。在大数据环境下，数据来源非常丰富且数据类型多样，任何完整的大数据平台，其数据的处理过程一般都包括数据采集、数据清洗、数据存储、数据挖掘和数据展现五个过程，如图 4-59 所示。

图 4-59　大数据处理流程

（1）数据采集。

数据采集是所有数据系统必不可少的，是挖掘数据价值的第一步。如何进行高效、精准的数据采集是至关重要的。当数据量越来越大时，可提取出来的有用数据必然也就更多。随着大数据越来越被重视，数据采集的挑战也变得尤为突出。通常，数据采集主要通过传统信息系统、互联网平台、物联网系统等多个渠道实现。

根据采集数据的类型，数据采集可以分为不同的方式，主要有人工录入、批量导入、网络爬虫爬取、接口采集、传感器采集等。

（2）数据清洗。

数据清洗通常也称为大数据预处理技术，它不仅能提高数据质量、降低数据计算的复杂度，还能降低数据规模、提升数据处理的准确性。例如，社交大数据中有些数据涉及用户隐私，也可能存在一些异常或错误数据，因此，要对这些数据进行预处理，这样才能更好地帮助我们进行后期分析以便获得有价值的信息。

（3）数据存储。

大数据存储和管理技术能通过相应的数据中心把采集到的数据存储起来，并进行管理和调用。大数据往往以半结构化和非结构化数据为主，而且各种大数据应用通常是对不同类型的数据内容进行检索、交叉比对、深度挖掘与综合分析，传统的关系数据库已经不能有效地满足大数据时代的数据存储和索引处理需求。大数据存储需要分布式文件系统和分布式数据库的支持。

（4）数据挖掘。

数据挖掘是指从数据库的大量数据中揭示出隐含的、先前未知的并有潜在价值的信息的过程。数据挖掘是一种决策支持过程，它主要基于人工智能、机器学习、模式识别、统计学、数据库、可视化技术等，高度自动化地分析数据，做出归纳性的推理，从中挖掘出潜在的模式，帮助决策者做出正确的决策。

数据挖掘的工具软件有很多，其基本原理和算法主要有神经网络算法、遗传算法、决策树法、粗糙集方法、覆盖正例排斥反例方法、统计分析方法、模糊集方法等。

（5）数据展现。

数据展现也称为数据呈现或数据可视化，是数据处理后的展现形式，能够帮助人们更加有效地理解数据的含义，真正利用大数据来服务人们的工作、学习和生活。

> 💬 说一说
>
> 我国在大数据领域发布了哪些政策？

4.4.2　大数据采集与分析方法

在了解了大数据的基础知识后，小华理解到，在大数据处理过程中，数据采集是基础，数据分析是关键，数据安全是保障。

1．大数据的采集方法

大数据的采集方法一般有以下几种。

（1）离线采集。

离线采集常见的一种技术是数据仓库技术，其核心组成部分是 ETL（Extract Transform Load）。ETL 是指将数据从来源端经过抽取（extract）、转换（transform）、加载（load）至目的端的过程。在转换的过程中，需针对具体的事务场景对数据进行治理，如进行不合法数据监测与过滤、格式转换与数据规范化、数据替换、确保数据完整性等。

（2）实时采集。

实时采集主要用在考虑流处理的事务场景，如网络监控的流量办理、金融运用的股票记账和 Web 服务器记录的用户访问行为等。在流处理场景中，数据采集就像一个水坝，将上游源源不断的数据拦截住，然后依据事务场景进行对应的处理（如去重、去噪、中心核算等），之后再写入对应的数据存储中。

（3）互联网采集。

互联网采集是指通过网络爬虫（又称网页蜘蛛、网络机器人）或网站公开应用程序接口等方式从网站上获取数据信息的过程，是一种按照一定的规则，自动地抓取万维网信息的程序或者脚本。它支持对图片、音视频等文件或附件的搜集。

（4）其他数据采集方法。

对于企业生产经营过程中的客户数据、财务数据等保密性要求较高的数据，可以通过与数据技术服务商合作，运用特定体系接口等相关方式采集数据。

2．大数据的分析方法

大数据的意义不在于掌握多大量级的数据信息，而在于如何处理这些数据信息以得到想要的结果。也就是说，大数据价值的关键在于对数据的加工能力和分析能力。对数据进行深度挖掘，可以解决实际问题，实现其价值。

数据分析是大数据管理的一大挑战。由于数据量较大，一般的数据分析应用程序无法很好地对其进行处理。大数据分析从技术手段上采用了最新的数据分析模型，通过数据之间特有的相关关系可以产生许多有关联、有价值的结论。大数据分析在许多领域发挥了巨大的作用。

大数据分析主要包括以下五个基本方面，它们共同作用，决定了最终的大数据分析结果。

（1）数据质量和数据管理。

任何事物都需要有序的管理和超高的质量，大数据也不例外。通过标准化的流程和工具对数据进行处理可以保证一个预先定义好的高质量的分析结果。

（2）预测性分析。

通过预测性分析，结合之前的数据，建立相应的模型，从而做出一些预测性的判断。

（3）数据挖掘算法。

这是大数据分析最关键的环节，这些算法不仅要应对大数据的体量，也要兼顾大数据的处理速度，并且努力保证通过数据挖掘算法分析出的数据真实可靠。

（4）可视化分析。

不管是对数据分析专家还是普通用户，数据可视化是数据分析工具最基本的要求，可视化分析可以直观清晰地分析研究和展示数据，让数据自己"说话"，眼见为实，力求做到真实明确。

（5）语义引擎。

这一方法涉及人工智能，由于非结构化数据的多样性带来了数据分析的新的挑战，人们需要一系列的工具去解析、提取、分析数据，研究出一套智能化的语义引擎系统，借助人工智能帮助人类主动分析数据信息。

3. 数据安全

数据已经成为社会竞争的新焦点，带来了人类社会发展的新机遇，同时也带来了更多的数据安全风险，对人们提出了更高的数据安全防范要求。随着数据发掘的不断深入和其在各行各业应用的不断推进，大数据安全的"脆弱性"逐渐凸显，国内外数据泄露事件频发，用户隐私受到极大挑战。在数据驱动环境下，网络攻击也更多地转向存储重要信息的信息化系统，大数据安全防护已成为大数据应用发展的一项重要课题。

（1）大数据安全的定义。

计算机系统安全：为数据处理系统建立和采用的技术、管理的安全保护，保护计算机硬件、软件和数据不因偶然和恶意的原因遭到破坏、更改和泄露。

计算机网络安全：通过采用各种技术和管理措施，使网络系统正常运行，从而确保网络数据的可用性、完整性和保密性。建立网络安全保护措施的目的是确保经过网络传输和交换的数据不会发生增加、修改、丢失和泄露等。

信息安全或数据安全有两方面的含义：

一是数据本身的安全，主要是指采用现代密码算法对数据进行主动保护，如数据保密、数据完整性、双向强身份认证等。

二是数据防护的安全，主要是指采用现代信息存储手段对数据进行主动防护，如通过磁盘阵列、数据备份、异地容灾等手段保证数据的安全。

数据安全是一种主动的保护措施，数据本身的安全必须基于可靠的加密算法与安全体系，主要有对称算法与公开密钥密码体系两种。

（2）大数据的安全风险。

① 大数据加大隐私泄露风险。大量数据的汇集不可避免地加大了用户隐私泄露的风险。一方面，数据集中存储增加了泄露风险，而这些数据也是人身安全的一部分；另一方面，一些

敏感数据的所有权和使用权并没有被明确界定，很多基于大数据的分析未考虑到其中涉及的个体隐私问题。

② 大数据威胁现有的存储和安防措施。大数据存储会带来新的安全问题，数据大量集中的后果是复杂多样的数据存储在一起，很可能会出现将某些生产数据放在经营数据存储位置的情况，致使企业安全管理不合规。大数据的数据量大小也影响到安全控制措施能否正确运行。安全防护手段的更新升级速度无法跟上数据量非线性增长的步伐，就会暴露大数据安全防护的漏洞。

③ 大数据技术成为黑客的攻击手段。在企业用数据挖掘和数据分析等大数据技术获取商业价值的同时，黑客也在利用这些大数据技术向企业发起攻击。黑客会最大限度地收集更多有用信息，如社交网络、邮件、微博、电子商务、电话和家庭住址等信息，大数据分析使黑客的攻击更加精准。此外，大数据也为黑客发起攻击提供了更多可能性。

④ 大数据成为高级可持续攻击的载体。传统的检测是基于单个时间点进行的基于威胁特征的实时匹配检测，而高级可持续攻击（APT）是一个实施过程，无法被实时检测。此外，大数据的价值低密度性，使得安全分析工具很难聚焦在价值点上，黑客可以将攻击隐藏在大数据中，给安全服务提供商的分析制造很大困难。黑客设置的任何一个会误导安全厂商目标信息提取和检索的攻击，都会导致安全监测偏离应有方向。

（3）大数据的安全需求。

① 机密性。数据机密性是指数据不被非授权者、实体或进程利用或泄露的特性。为了保障大数据安全，数据常常被加密。常见的数据加密方法有公钥加密、私钥加密、代理重加密、广播加密、属性加密、同态加密等。然而，数据加密和解密会带来额外的计算开销。因此，理想的方式是使用尽可能小的计算开销带来可靠的数据机密性。

在大数据中，数据搜索是一个常用的操作，支持关键词搜索是大数据安全保护的一个重要方面。已有的支持搜索的加密只支持单关键字搜索，不支持搜索结果排序和模糊搜索。目前，这方面的研究集中在明文中的模糊搜索、支持排序的搜索和多关键字搜索等操作。如果是加密数据，用户需要把涉及的数据密文发送回用户方解密，之后再进行操作，这将严重降低效率。

② 完整性。数据完整性是指数据没有遭受以非授权方式的篡改或使用，以保证接收者收到的数据与发送者发送的数据完全一致，确保数据的真实性。因此，用户需要对其数据的完整性进行验证。远程数据完整性验证是解决云中数据完整性检验的方法，其能够在不下载用户数据的情况下，仅仅根据数据标识和服务器数据的完整性进行验证。

③ 访问控制。在保障大数据安全时，必须防止非法用户对非授权资源和数据的访问、使用、修改、删除等操作，以及细粒度地控制合法用户的访问权限。因此，对用户的访问行为进行有效验证是大数据安全保护的一个重要方面。

（4）大数据的安全策略。

大数据安全策略从技术和规则两个方面加以控制，大数据底层技术所不支持的安全机制则需要集成其他技术框架进行解决。

4. 大数据的发展趋势

（1）数据资源化。

所谓资源化，是指大数据成为企业和社会关注的重要战略资源，并已成为大家争相抢夺的新焦点。因而，企业必须提前制订大数据营销战略计划，抢占市场先机。

（2）与云计算的深度结合。

大数据离不开云计算，云计算为大数据提供了弹性可拓展的基础设备，是产生大数据的平台之一。自2013年开始，大数据技术已开始和云计算技术紧密结合，预计未来两者关系将更为密切。除此之外，物联网、移动互联网等新兴计算形态，也将一起助力大数据发展，让大数据营销发挥出更大的影响力。

（3）与人工智能的深度结合。

人工智能通过数据采集、处理、分析，从各行各业的海量数据中，获得有价值的信息，为更高级的算法提供素材。人工智能其实就是以大量的数据为基础，让可以通过机器来做判别的问题最终转化为数据问题。人工智能的飞速发展离不开大数据的支持。而在大数据的发展过程中，人工智能的加入也使得更多类型、更大体量的数据能够得到迅速处理与分析。

（4）科学理论的突破。

随着大数据的快速发展，就像计算机和互联网一样，大数据将引发新一轮的技术革命。随之兴起的数据挖掘、机器学习和人工智能等相关技术，会改变数据世界里的很多算法和基础理论，实现科学技术上的新突破。

未来，数据科学将成为一门专门的学科，被越来越多的人所认知。各大高校将设立专门的数据科学类专业，也会催生一批与之相关的新就业岗位。与此同时，基于数据这个基础平台，也将建立起跨领域的数据共享平台，之后，数据共享将扩展到企业层面，并且成为未来产业的核心一环。

另外，大数据作为一种重要的战略资产，已经不同程度地渗透到每个行业领域和部门，其深度应用不仅有助于企业经营活动，还有利于推动国民经济发展。它对于推动信息产业创新、大数据存储管理挑战、改变经济社会管理面貌等方面意义重大。同时，合法地获取和使用数据也是用户应该努力培养的基本信息素养。

> **说一说**
>
> 结合所学专业谈一谈大数据的应用价值。

考 核 评 价

序　号	考核内容	完 全 掌 握	基 本 了 解	继 续 努 力
1	能列举常用数据处理软件的功能和特点；会在信息平台或文件中输入数据，会引入和引用外部数据，会利用工具软件收集、生成数据；会进行数据的类型转换及格式化处理；了解我国在数据处理领域的自主研发成果			
2	了解数据处理的基础知识；会使用函数、运算表达式进行数据运算；会对数据进行排序、筛选和分类汇总；养成科学规范的数据意识，感悟数据中蕴含的中国力量			
3	能根据需求对数据进行简单分析；会应用可视化工具分析数据并制作简单数据图表；感受数据分析给生产生活带来的便利，养成严谨细致、一丝不苟的工作作风			
4	了解大数据基础知识；了解大数据采集与分析方法；了解我国在大数据发展领域的相关政策，感受"数据强国"			
收获与反思	通过学习，我的收获： 通过学习，发现的不足： 我还需要努力的地方：			

本 章 习 题

一、选择题

1. Excel 广泛应用于_____。

    A．统计分析、财务管理分析、股票分析和经济、行政管理等各个方面

    B．工业设计、机械制造、建筑工程

    C．美术设计、装潢、图片制作等各个方面

    D．多媒体制作

2. 在 Excel 单元格内输入较多的文字需要换行时，按_____能够完成此操作。

    A．【Ctrl+Enter】组合键   B．【Alt+Enter】组合键

    C．【Shift+Enter】组合键   D．【Enter】键

3. 在 Excel 中，若单元格中的数字显示为一串 "#" 符号，应采取的措施是_____。

    A．改变列的宽度，重新输入

    B．列的宽度调整到足够大，使相应数字显示出来

    C．删除数字，重新输入

    D．扩充行高，使相应数字显示出来

4. 在 Excel 中，在默认状态下输入 "文本" 的水平对齐方式为_____。

    A．左对齐   B．居中   C．上对齐   D．右对齐

5. 在 Excel 中，当对多个都包含数据的单元格进行合并操作时，_____。

    A．所有的数据丢失

    B．所有的数据合并放入新的单元格

    C．只保留左上角单元格中的数据

    D．只保留右上角单元格中的数据

6. Excel 所拥有的视图方式有_____。

    A．普通视图   B．分页预览视图

    C．大纲视图   D．页面视图

7. 在 Excel 中，"Delete" 和 "全部清除" 命令的区别在于_____。

    A．"Delete" 删除单元格的内容、格式和批注

    B．"Delete" 仅能删除单元格的内容

    C．"全部清除" 命令可删除单元格的内容、格式或批注

D．"全部清除"命令仅能删除单元格的内容

8．在 Excel 的筛选操作中，关于被筛选掉的数据的叙述，正确的是_____。

　　A．不打印　　　　　B．不显示　　　　　C．永远丢失　　　　　D．可以恢复

9．下列选项中不属于大数据基本特征的是_____。

　　A．体量大　　　　　B．速度快　　　　　C．多样化　　　　　D．价值密度高

10．下列选项中不属于大数据安全需求特点的是_____。

　　A．机密性　　　　　B．完整性　　　　　C．攻击性　　　　　D．访问控制

二、判断题

1．Excel 工作簿的扩展名是".xlsx"。　　　　　　　　　　　　　　　　　（　　）

2．工作表是指在 Excel 中用来存储和处理工作数据的文件。　　　　　　　（　　）

3．在 Excel 中处理并存储数据的基本工作单位称为单元格。　　　　　　　（　　）

4．在单元格中输入数字时，Excel 自动将它沿单元格左边对齐。　　　　　（　　）

5．如果要输入分数"$3\frac{1}{4}$"，要输入"3"及一个空格，然后输入"$\frac{1}{4}$"。　（　　）

6．输入运算表达式时，所有的运算符必须是英文半角。　　　　　　　　　（　　）

7．使用"筛选"功能对数据进行自动筛选时必须先进行排序。　　　　　　（　　）

8．Excel 中不能对字符型的数据排序。　　　　　　　　　　　　　　　　　（　　）

9．大数据存储需要分布式文件系统和分布式数据库的支持。　　　　　　　（　　）

10．大数据加大了用户隐私泄露的风险。　　　　　　　　　　　　　　　　（　　）

三、操作题

1．在学生文件夹下新建工作簿文件"ex.xlsx"，并进行如下操作：

（1）根据如图 4-60 所示数据，建立"抗洪救灾捐款统计表"（数据清单存放在 A1:D5 单元格区域内）工作簿，将当前工作表 Sheet1 改名为"救灾统计表"。

单位	捐款（万元）	实物（件）	折合人民币（万元）
第一部门	1.95	89	2.45
第二部门	1.2	87	1.67
第三部门	0.95	52	1.3
总计			

图 4-60　救灾统计表

（2）在工作表"救灾统计表"中计算各项捐献的总计，分别填入"总计"行的各相应列中（结果的数字格式为默认样式）。

（3）选择"单位"和"折合人民币（万元）"两列数据（不包含"总计"行），绘制部门捐款的三维饼图，要求有图例并显示各部门捐款总数所占的百分比，图表标题为"各部门捐款总

数百分比图"，图表放置在数据表格下方 A8:E18 单元格区域内。

2．打开学生文件夹下工作簿文件"Excel1.xlsx"，进行如下操作：

（1）将工作表"降雪量统计表"的 A1:G1 单元格区域合并为一个单元格，内容水平居中；计算"月平均值"行的内容（数值型，保留小数点后 1 位）；计算"最高值""最低值"行的内容（三年中某月的最高值、最低值，利用 MAX()、MIN()函数），将其分别置于 B7 和 B8 单元格内。

（2）对工作表"图书销售情况表"内数据清单的内容进行自动筛选，条件为第一季度和第二季度且销售量排名在前二十名；对筛选后的数据清单按主要关键字"销售量排名"的升序次序和次要关键字"经销部门"的升序次序进行排序，工作表名不变。

（3）在工作表"人力资源情况表"内，完成对各部门工资平均值的分类汇总，汇总结果显示在数据下方，工作表名不变。

（4）对工作表"产品销售情况表"内数据清单的内容建立数据透视表，按行为"分店名称"、列为"产品名称"、数据为"销售额（万元）"求和布局，并将其置于现有工作表的 A41:E46 单元格区域，工作表名不变。

3．打开学生文件夹下工作簿文件"Excel2.xlsx"，进行如下操作：

（1）将工作表"竞赛成绩统计表"的 A1:F1 单元格区域合并为一个单元格，内容水平居中；按统计表第 2 行中每个成绩所占比例计算"总成绩"列的内容（数值型，保留小数点后 1 位），按总成绩的降序次序计算"成绩排名"列的内容（利用 RANK()函数）；利用条件格式（条件中的关系符请用"小于或等于"）将 F3:F10 单元格区域内排名前三位的字体颜色设置为红色。

（2）将工作表"学生体重指数统计表"的 A1:E1 单元格区域合并为一个单元格，内容水平居中；根据运算表达式"体重指数=体重/(身高*身高)"计算"体重指数"列的内容（数值型，保留小数点后 0 位），如果体重指数大于或等于 18 且小于 25，则在"备注"列内给出"正常体重"信息，否则内容空白（利用 IF()函数）；将 A2:E12 数据区域设置为自动套用格式"表样式浅色 6"。

（3）对工作表"图书销售情况表"内的数据清单的内容按主要关键字"季度"的升序次序和次要关键字"经销部门"的降序次序进行排序，对排序后的数据进行高级筛选（条件区域设在 A46:F47 单元格区域），条件为少儿类图书且销售量排名在前二十名，工作表名不变。

（4）对工作表"计算机专业成绩单"内的数据清单的内容进行高级筛选，条件为"数据库原理或操作系统成绩小于 60"，条件区域应设置在数据区域的顶端（注意：条件区域和数据区域之间不应有空行），在原有区域显示筛选结果。对筛选后的内容按主要关键字"平均成绩"的降序次序和次要关键字"班级"的升序次序进行排序。

4．打开学生文件夹下工作簿文件"Excel3.xlsx"，进行如下操作：

（1）将工作表"学生成绩表"的 A1:F1 单元格区域合并为一个单元格，内容水平居中；计算学生的"平均成绩"列的内容（数值型，保留小数点后 2 位），计算一组学生人数（置于 G3 单元格内，利用 COUNTIF()函数）和一组学生平均成绩（置于 G5 单元格内，利用 SUMIF() 函数）。

（2）选择"农作物亩产情况统计表"工作表，使用"黄山农场农作物亩产情况表"和"丰收农场农作物亩产情况表"中的数据，在"农场农作物亩产情况统计表"中进行"平均值"合并计算。

（3）现有"1 分店"和"2 分店"4 种型号的产品一月、二月、三月的"销售量统计表"数据清单，位于工作表"销售单 1"和"销售单 2"中。在 Sheet3 工作表的 A1 单元格输入"合计销售数量统计表"，将 A1:D1 单元格区域合并为一个单元格；在 A2:A6 单元格区域输入型号，在 B2:D2 单元格区域输入月份；计算出两个分店 4 种型号的产品一月、二月、三月每月销售量总和并置于 B3:D6 单元格（使用"合并计算"），创建连接到源数据的链接；将工作表命名为"合计销售单"。

5．据统计，自 1986 年起，我国主要粮食产量稳居世界第一，2024 年首次迈上 1.4 万亿斤新台阶。从"杂交水稻之父"袁隆平到中国数以亿万计的农民，他们都在默默用自己的辛勤劳动，努力实现把中国人的饭碗牢牢端在自己手中。2019—2024 年我国粮食产量如图 4-61 所示。

序号	统计时间	全国粮食产量（亿斤）	同比
1	2019年	13277	0.90%
2	2020年	13390	0.85%
3	2021年	13657	1.99%
4	2022年	13731	0.54%
5	2023年	13908	1.29%
6	2024年	14130	1.60%

图 4-61　2019—2024 年我国粮食产量

（1）根据以上数据，制作我国粮食产量的柱形图。

（2）根据以上数据，制作我国粮食产量及增长率的折线图。

第5章 程序设计入门

计算机技术的发展，提高了社会生产力，让我们从重复的、繁杂的工作中解脱出来。我们在享受生活的同时，不禁感叹，是什么让这些冷冰冰的机器绽放出更精彩的生命力？这背后的秘密就是"程序"。在每天的工作和生活中，"程序"无处不在，任何一款软件的背后都离不开程序设计的过程，通过程序设计语言，可以给计算机下达一系列的指令，让它能按照人们的指挥进行相应的计算和操作。

学习程序设计不仅能让我们知道平时使用的软件是如何开发出来的，理解运用程序设计解决问题的逻辑思维理念，还能自己动手设计程序。更重要的是，我们将在这个过程中学会一种分析问题和解决问题的思维方式，包括特征抽象、模型建立、数据表达、算法设计和反思迁移等，掌握这些思维方式，能够让人们在工作和生活中都获益匪浅。

应用场景

场景 01 电子支付

小华到商店购买纪念品，纪念品售价 88 元一个，在收银台，店员扫描了纪念品的商品条形码后，小华面向"支付宝刷脸支付"的设备微微一笑，设备识别出了小华的账户，小华点击确认，便听到手机传来了支付成功的提示，这是怎么实现的呢？

小华查看了支付宝的支付消息，发现支付宝的零钱余额并没有变化，而银行卡里却少了 88 元，但小华记得自己的支付宝明明设置了账户余额优先支付，这是怎么回事呢？

原来支付宝内置的付款指令有两种：一种是直接用支付宝的账户余额付款指

令；另一种是用支付宝绑定的银行卡付款指令。执行支付宝付款操作时，程序会先将支付宝中账户的余额与付款金额进行比较，如果支付宝账户余额大于待付款的金额，就采用第一种指令付款，否则采用第二种指令付款。

程序设计思想中的条件判断广泛应用于现实生活中。微信支付、支付宝等电子支付方式的实现也是各种程序运行的结果。代码是冰冷的，程序员却让它们变成一个个丰富多彩的 App、一个个有趣的游戏等，人们的生活因此而变得更加美好。电子支付改变了十几亿中国人的生活方式。

如今，人工智能时代已经到来，AI 技术已经广泛应用在我们工作和生活的方方面面。例如，通过人脸识别技术实现刷脸支付，通过指纹识别技术实现智能开锁、通过语音识别技术实现智能聊天，通过大模型技术实现智能写作、智能翻译、智能推荐等功能，极大地提升了我们的生活便利性和工作效率。

场景 02

清空购物车

随着我国信息化水平的全面跃升，电子商务蓬勃发展，在给生活带来诸多便利的同时，也会有人因"一时冲动"而网购一些很少用到的东西，物流运输过程也会产生不少包装垃圾。小华决定将自己在某电商平台的购物车清空，不再冲动购物，于是在打开的购物车中逐一选中、删除商品条目。操作了一会儿，小华就有点累了。购物车里积攒的商品条目实在太多，逐一删除费时费力，这可怎么办？这时候，小华发现购物车里有一个"删除全部"按钮，于是点了一下，"唰"的一声，全部商品条目被瞬间清空！这背后又是什么原理呢？

逐一选中商品条目进行删除时，蕴含的程序思想是反复执行"删除选中的商品条目"指令；点击"删除全部"按钮时，一次性调用一系列指令删除所有商品条目。这就是程序带来的便捷、高效。程序改变世界，使我们的生活更美好。

任务1　了解程序设计理念

　　程序设计的理念是程序设计的基础，程序是解决某个问题所需的一系列指令序列集合，程序设计语言是人们与计算机进行沟通的工具。运用程序设计解决问题的过程和方法是程序设计理念中最重要的部分，它是一种逻辑思维理念，不仅体现在程序设计中，也可以迁移运用到其他问题的解决中。算法是求解问题的一系列计算步骤，这些计算步骤可能是顺序执行、选择执行或循环执行的，这也正是一个程序中常出现的三种基本结构。了解程序设计理念思维导图如图5-1所示。

图 5-1　了解程序设计理念思维导图

◆　**任务情景**

　　情景1： 在开始之前，让我们先来玩一个游戏——盲人指路。请同学两两组队，其中一人需戴上眼罩扮演盲人，另外一人需用语言指挥同伴绕过障碍物到达终点。比比看哪支队伍最先到达终点。

　　情景2： 数学课上，老师讲解概率的含义，为了让同学们更好地理解，老师拿出了一枚硬币，让同学们抛100次这枚硬币，并记录下每次硬币落地后的正反面，然后统计出100次中抛出正面的概率。小华心想：抛100次硬币太费时，听说计算机是个运算速度特别快的家伙，它可以帮忙"抛"硬币吗？

◆　**任务分析**

　　情景1： 在"盲人指路"的游戏中，负责指路的同学所发出的一系列指令就是一个"程序"，比如"前进""左转""右转""停"等，这些指令所组成的序列最终让"盲人"同学顺利到达终点。通过"盲人指路"的游戏，模拟了一个最简单的"程序"。计算机程序设计就是让计算机按照一定步骤去解决某个问题或者完成某项任务。

　　情景2： 计算机自诞生之日起就以其超强的"计算"能力而著称，我国自主研制的神威·太湖之光超级计算机中安装了40960个"申威26010"众核处理器，计算峰值性能可达每秒12.54亿亿次。所以，即使让计算机"抛"1000次硬币，它也可以在不到1秒的时间内完成。不过，如何让计算机完成"抛"硬币的过程呢？我们需要先利用计算思维，将现实生活中的问题转化成计算机所能处理的形式，然后设计算法并编写程序来实现。

5.1.1　了解程序设计基础知识

小华和堂兄玩了"盲人指路"的游戏后，发现原来程序设计是一件并不陌生的事情，人们的学习、工作和生活中也处处都有程序的身影。程序设计就是给计算机下达一系列指令，让它按照所设计的步骤一步步解决问题或完成任务。

1. 指令和程序

指令（Instruction）是给计算机下达的一个基本命令，它是一条语句或代码。例如"在输出窗口打印出 hello world！"是一条指令；"计算 20 除以 4 的商"也是一条指令。

程序（Program）是为实现特定目标的一条或多条编程指令序列的集合。在"盲人指路"游戏中，指挥"盲人"从起点到终点所发出的一系列指令序列（例如：前进 2 步→左转→前进 3 步→右转→前进 1 步……）是一个程序；抛硬币并计算抛出正面的次数占比的过程也是一个程序。

事实上，生活中很多事情都有程序：一份菜谱里记录着这道菜的制作程序；一本活动策划书里记录着某个活动的流程；早上起床洗脸、刷牙、吃早餐的过程是一个程序；制作板凳时的打眼、组装、打磨也是一个程序……

当计算机运行一个程序时，程序中的指令就会被连续自动执行，就像我们获得一份如图 5-2 所示的菜谱之后，能自动按照菜谱中的操作步骤做出双面煎蛋，对于计算机来说，根据人设定好的程序自动完成一系列操作，叫作"自动化"。今天我们能很方便地使用一些计算机软件或 App，是因为程序员编写了程序来告诉设备应该怎样做。

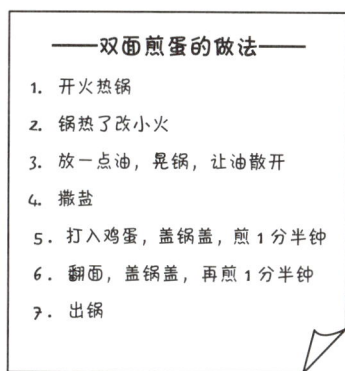

图 5-2　双面煎蛋的做法

2. 程序设计

计算机是一个没有生命的机器，是一个不知道自己该做什么、但却十分愿意服从命令的机器。手机如果没有"程序"，就是一堆没有用的零件，我们无法用它通话、上网和玩游戏。程序设计（Program Design）就是将问题解决的方法步骤编写成计算机可执行的程序的过程。简单来说，就是告诉计算机要做什么，并且每一个行为的细节和顺序都要说清楚、可执行。这样，计算机就能够很快速地、正确地完成所有"指令"，最终解决问题或完成任务。

> **说一说**
>
> 结合生活经验，谈一谈对程序设计的理解。

5.1.2　了解常见的程序设计语言

在"盲人指路"游戏中，小华和堂兄轮流扮演"盲人"。小华先用"前进""左转"等中文指令来指挥堂兄，之后，轮到小华扮演"盲人"，堂兄却用"Go""Turn left"等英文指令来指挥小华。因为两人英文都还不错，所以小华扮演的"盲人"也顺利到达了终点。可见，如果一种语言是双方都能理解的，那么我们就能通过这种语言进行沟通。同样的道理，要与计算机沟通，让它按照我们的指令操作，需要一门计算机和人类都能理解的语言——程序设计语言。

1.　低级语言和高级语言

我们和计算机沟通的语言就是程序设计语言，程序设计语言包括低级语言和高级语言。最开始的程序设计语言只有两个符号，要么是1，要么是0，它们分别代表电路"开"和"关"，这是一种比较底层的语言，称为二进制语言，又称为机器语言。虽然它能够实现我们与计算机的沟通，但是面对一大串毫无可读性的01代码，人们显然非常希望能够找到一种更加简便的方法来告诉计算机要做什么。为了降低程序编写和维护的难度，人们又发明了汇编语言，利用特定的助记符来帮助程序员记忆机器指令。但是，利用汇编语言编写的程序通常不能是大规模的，它和机器语言一样，都是直接面向机器的，与人们使用的自然语言有很大区别，机器语言和汇编语言统称为低级语言。后来，随着计算机语言的发展，高级语言终于诞生了。

高级语言是以人们的日常语言为基础的一种编程语言，是能够直接表达运算操作和逻辑关系的语言，大大增强了程序代码的可读性和易维护性。例如，曾经我们想让计算机在输出窗口打印出"前进！"，写下的程序可能是像表 5-1 左列这样长长的由 0 和 1 组成的无序代码；而如今我们想让计算机进行同样的操作，写下的程序就可以像表 5-1 右列这样，简洁且具有很强的可读性。

表 5-1　低级语言和高级语言的对比

低级语言	高级语言（以 Python 为例）
1001101010111……	print("前进！")

现在，人们已经发明了很多高级语言，比如 C、C++、Java、Python 等，它们有着各自不同的语法和特点，而 Python 凭借着它明确、简单、可扩展性强等特点，逐渐成为世界上最受欢迎的程序设计语言之一。

2.　常见的高级程序设计语言

C 语言：C 语言是一门通用计算机编程语言，功能丰富，使用灵活。同时，C 语言还具有汇编语言的许多特点，比如能直接访问物理地址、进行位操作、直接对硬件进行操作等，因此，C 语言也称为"中级语言"。C 语言是编写应用软件、操作系统和编译程序的重要语言之一。

C++语言：C++语言是在 C 语言基础上开发的一门高级语言，既可以进行 C 语言的过程化程序设计，又可以进行面向对象的程序设计。C++的应用领域很广，是受广大程序员喜爱的编程语言之一。

Java 语言：Java 语言是一门面向对象的编程语言，不仅吸收了 C++语言的各种优点，还删减了 C++里难以理解的概念，功能强大，简单易用。Java 可以编写桌面应用程序、Web 应用程序、分布式系统和嵌入式系统应用程序等。

Python 语言：Python 语言是一种既面向过程、又面向对象的解释型编程语言，语法简洁清晰。Python 拥有强大的标准模块和第三方模块，能够快速开发出功能丰富的应用程序。此外，Python 常被称为"胶水"语言，能够把用其他语言（如 C 和 C++）制作的模块轻松联结在一起。常见的一种应用情形是，使用 Python 搭建程序框架，若对其中有特别要求的部分，可用更适合的语言改写，比如 3D 游戏中的图形渲染模块性能要求很高，就可以用 C 或 C++重写，而后封装为 Python 可调用的扩展模块就可以了。

说一说

基于不同程序设计语言的语法，谈一谈规则的重要性。

5.1.3 理解用程序设计解决问题的逻辑思维理念

我们知道，计算机具有运算速度快、存储容量大等特点，运用计算机可以帮助我们更快更好地解决问题。在了解了程序设计语言之后，小华心里仍然有些疑惑，程序设计语言是我们与计算机沟通的工具，可是当要真正去解决一个问题时，应该怎么设计程序呢？

堂兄告诉小华，其实利用程序设计解决问题的过程和我们人类解决问题的过程有很大的相似之处。比如，当我们解决问题时，首先学会观察、分析问题，收集必要的信息，然后根据已有的知识、经验进行判断和推理，接着尝试按照一定的方法和步骤去解决问题。而要通过程序设计来解决问题，也需要经历类似的思维过程，我们将这种运用信息技术解决问题的思想方法称为计算思维。计算思维让我们能够：

① 运用所学知识和技能，通过界定问题、抽象特征、建立模型和组织数据等，将一个抽象的问题转化成计算机等信息技术可以处理的形式；

② 通过判断、分析和综合各种信息，运用信息技术工具和信息资源，设计算法形成解决问题的方案；

③ 总结信息技术应用的方法和技巧，并迁移到与之类似的相关问题的解决过程中，包括自己的职业岗位和生活情境。

计算思维不仅体现在程序设计中，在我们的学习、生活和工作中，计算思维也同样重要，它能帮助我们去发现问题、分析问题和解决问题，是一项重要的思维能力。

1. 将抽象问题转化成计算机能处理的形式

将一个问题转化成计算机能处理的形式，首先需要抽象出问题中的关键对象和对象之间的关系，然后建立起合适的模型，并用计算机语言表达出来。简单来说，这是一个对问题进行重新表述的过程。问题的类型千千万万，其表述方式并不唯一，有的问题可以用数学模型来表述，有的问题可以用文字、表格或图形等形式表述。

每次抛硬币，落地后要么是正面，要么是反面，这便是硬币落地后的两种状态。在计算机中，我们可以用两个数字来表示两种不同的状态，这种方法也可称为"编码"。例如，我们用数字 1 表示抛出正面，用数字 0 表示抛出反面（当然，你也可以用其他数字或其他计算机能处理的形式分别表示正面和反面状态），见表 5-2。

抛硬币的结果具有随机性，每次可能出现正面，也可能出现反面，就好比"抽签"一样。在 Python 程序设计语言中，提供了一个用于"抽签"的工具箱——random 随机数模块，其中提供了一些用于产生随机数的"工具"。我们将"工具箱"random 模块导入程序，就可以使用其中的所有"工具"了。例如，randint(a,b)是 random 模块中的一个"工具"，用于从 a～b 中随机产生一个整数，因此，"抛硬币"的过程可以用下面这行语句进行表述：

```
操作过程    Python语句
抛硬币      result = random.randint(0,1)
```

注：result 代表抛硬币的结果，result = random.randint(0,1)表示 0～1 中随机产生一个整数，并把这个随机数赋给 result。result 的值要么是 0，要么是 1。

当 result 的值是 0 时，代表抛硬币的结果是反面；当 result 的值是 1 时，代表抛硬币的结果是正面。在 Python 中，可以用关系运算符"=="来表达两个对象之间的相等关系，因此，抛硬币的结果可以表述为 Python 逻辑表达式，见表 5-3。

表 5-2 硬币状态与编码

硬 币 状 态	编　　码
正面	1
反面	0

表 5-3 用 Python 逻辑表达式表达结果

抛硬币的结果	Python 逻辑表达式
抛出正面	**result == 1**
抛出反面	**result == 0**

这样，我们就通过编码、程序语句和逻辑表达式，将"抛硬币"问题用一种计算机能够处理的形式进行了重新表述。接下来，需要着手设计具体的解决方案，即设计算法。

2. 设计算法

在程序设计中，算法（Algorithm）就是程序执行的流程，也是解决问题的步骤。

（1）问题分解。

对于较为复杂的问题，可以首先根据功能、流程或从其他角度将问题分解，并且分解出的子问题也可以根据需要进一步分解，如图 5-3 所示；之后，再对每个子问题设计详细的解决步骤，各个击破。

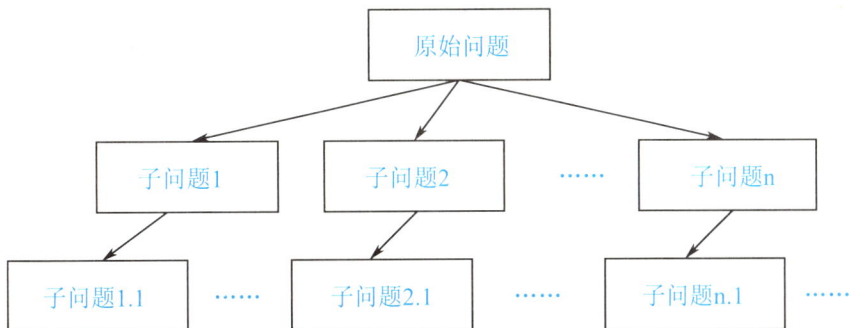

图 5-3　分解原始问题

思维拓展：事实上，在很多时候，问题分解都能帮助我们更好地找到解决问题的办法。例如，作家写一本书之前，会先确定大纲，列出一级标题、二级标题……之后再对各个部分进行具体写作；做一份旅行攻略时，我们会将攻略分为景点、交通、住宿、用餐等几个模块，然后再针对各个模块进行详细规划。

抛硬币抛出正面的概率可以根据以下公式进行计算：

抛出正面的概率=抛出正面的次数÷实验总次数

已知：实验总次数为 100 次。于是，可根据计算公式将问题分解为两个子问题："计算抛出正面的次数"和"计算抛出正面的概率"，如图 5-4 所示。当然，也可以从其他角度进行问题分解，或者也可以不分解。

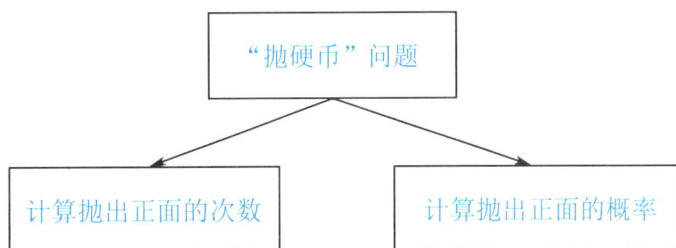

图 5-4　分解"抛硬币"问题

（2）子问题 1：计算抛出正面的次数。

为计算抛出正面的次数，我们可以这样来设计算法，用自然语言描述为：

在开始"抛硬币"之前，将正面次数设为 0。

执行"抛硬币"操作。

如果抛出正面，则正面次数+1，实验次数+1；如果抛出反面，则仅实验次数+1。

然后继续执行下一次"抛硬币"操作。

我们可以用流程图来描述这个算法，如图 5-5 所示。其中，用圆角矩形表示"开始"，之后，程序将顺着箭头指引的方向进行；用菱形表示"判断"，在该判断条件下，有两条分支，一条是抛出正面之后要进行的操作（正面次数+1，然后进行下一次抛硬币），另一条是抛出反面之后要进行的操作（直接进行下一次抛硬币）。然而，仔细分析一下绘出的流程图，将发现这个流程并没有出口。

事实上，当抛完第 100 次硬币后，就可以不再继续抛硬币，进而结束流程。因此，需要在每次抛硬币之前，判断是否已经抛了 100 次，如果还没有抛够 100 次，就继续抛硬币；否则，就结束流程，进行下一个步骤。如果不判断实验次数是否达到 100 次，程序就会永不停止地"抛硬币"，陷入"死循环"。此外，每抛一次硬币，都应更新实验次数，以记录当前是第几次抛硬币。这样，我们可以在之前算法的基础上，增加对实验次数的判断，用自然语言描述新的算法：

在开始抛硬币之前，将正面次数设为 0，将实验次数设为 0。

判断实验次数是否<100，如果是，则执行"抛硬币"操作。如果抛出正面，则正面次数+1，实验次数+1；如果抛出反面，则仅实验次数+1。

继续判断实验次数是否<100，如果是，则执行"抛硬币"操作。如果抛出正面，则正面次数+1，实验次数+1；如果抛出反面，则仅实验次数+1。

……

直到某次判断发现实验次数≥100，结束"抛硬币"操作。

画出的新流程图，如图 5-6 所示。

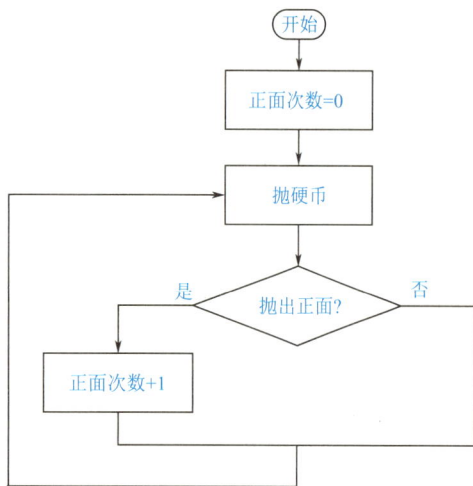

图 5-5　流程图 1

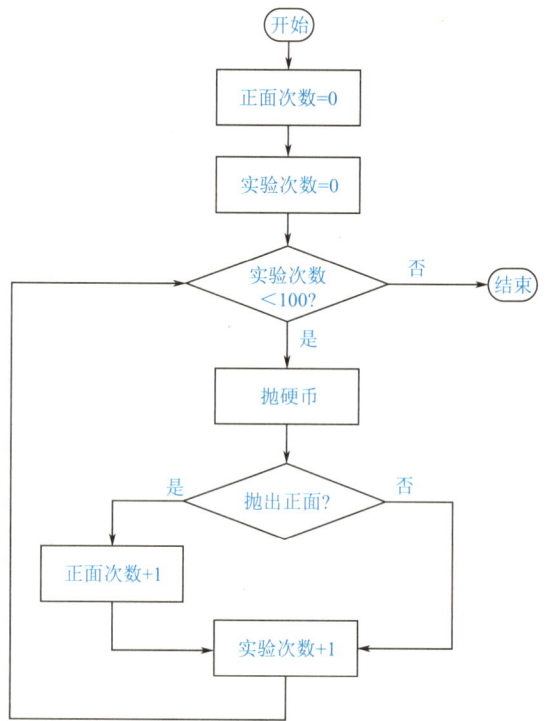

图 5-6　流程图 2

（3）子问题 2：计算抛出正面的概率。

经过了 100 次抛硬币之后，我们可以得到抛出正面的次数，接下来，就可以根据概率计算公式计算抛出正面的概率了。

3. 反思和迁移

下载并运行下面的示例程序 tossCoin.py，体会一下用计算机解决"抛硬币"问题的过程，看看抛 100 次硬币得到正面的概率是多少？当抛硬币的次数更多时，抛出正面的概率接近于哪个数？

```python
import random

up_n = 0 #记录抛出正面的次数
total_n = 100 #代表实验总次数
cnt = 0 #记录实验次数

while cnt<total_n:
    result = random.randint(0,1)
    print(result)
    if result==1:
        up_n = up_n +1
    cnt = cnt + 1

p = up_n/total_n
print('抛出正面的概率为：'+str(p))
```

> 随机产生 0 或 1。0 代表抛出反面，1 代表抛出正面。若抛出正面，正面次数＋1。每次实验后，cnt 自增 1，用以记录实验次数，当实验次数达到总次数后，就不再抛硬币了，结束循环，计算抛出正面的概率。

4. 算法、程序流程图和程序基本结构

（1）算法。

算法（Algorithm）是求解问题的一系列计算步骤，我们计算抛 100 次硬币抛出正面的概率所采用的计算步骤就是解决这个问题的一个算法。解决不同的问题可能需要不同的算法，同一个问题也可能有不同的解决方案或算法。算法是软件的核心，无论是解决简单问题的程序，还是制造芯片的软件，都依靠算法。对于一些经典的问题，人们提出了很多解决办法，并总结成了经典的算法，如枚举算法、二分查找法、排序算法、递归算法、回溯算法等。

一个算法应该具有以下几个重要特征：

① 有穷性：算法必须能在执行有限个步骤之后终止，因此所绘制的程序流程图必须有"结束"出口；

② 确切性：算法的每一个步骤必须有确切的定义；

③ 输入项：一个算法有 0 个或多个输入，以刻画运算对象的初始情况，所谓 0 个输入是指算法本身定义了初始条件。在"抛硬币"问题中，正面次数和实验次数被初始化为 0，实验总次数为 100，它们都是该算法的初始条件；

④ 输出项：一个算法有一个或多个输出，以反映对输入数据加工后的结果。输出可以是文字、图表、文件、音视频等。在"抛硬币"问题中，最终将输出抛 100 次硬币抛出正面的概率；

⑤ 可行性：算法中每个计算步骤都可以在有限时间内完成。在设计算法时，要注意避免陷入"死循环"。此外，对于同一问题，可能有不同的算法，有的算法效率很高，用很少的操作步骤就能完成任务；有的算法效率较低，需要更多的操作步骤。探索问题的最优算法也一直是程序员们格外关注的事情。

程序是算法和数据结构的总和，其中，算法是程序的"灵魂"，数据结构是对数据的表达和处理。因此，算法独立于任何具体的程序设计语言之外，一个算法可以用多种程序设计语言来实现。我们可以用自然语言来描述一个算法，也可以用程序流程图来表示一个算法。

（2）程序流程图。

程序流程图是把计算机的主要运行步骤和顺序呈现出来的一种工具，是整个程序的一张蓝图，能够清晰直观地体现出程序的逻辑性和处理顺序。当然，这张蓝图并不唯一，对于同一个问题，按不同的算法就会画出不同的流程图。

为方便程序员对输入输出和数据处理过程进行分析，也便于程序员之间进行交流，程序流程图用统一规定的标准符号和图形来表示，通常包括处理框、判断框、输入输出框、起止框、连接点和流程线。

知识卡片——流程图符号

处理框：具有处理功能，如数学计算、给变量赋值等

起止框：表示程序的开始或结束

判断框：具有条件判断功能，有一个入口，两个出口

连接点：可将流程线连接起来

输入输出框：获取用户输入的操作，或者计算机输出的操作

流程线：表示流程的路径和方向

"抛硬币"问题的流程图如图 5-7 所示。

（3）程序基本结构。

在程序设计中，不总是顺序执行每个操作步骤，有时需要在两个步骤中选择其中一个执行，有时需要连续多次执行某些步骤。程序中每个步骤的执行顺序构成了程序的结构，常见的程序结构包括顺序结构、选择结构和循环结构，其示意图如图 5-8 所示。

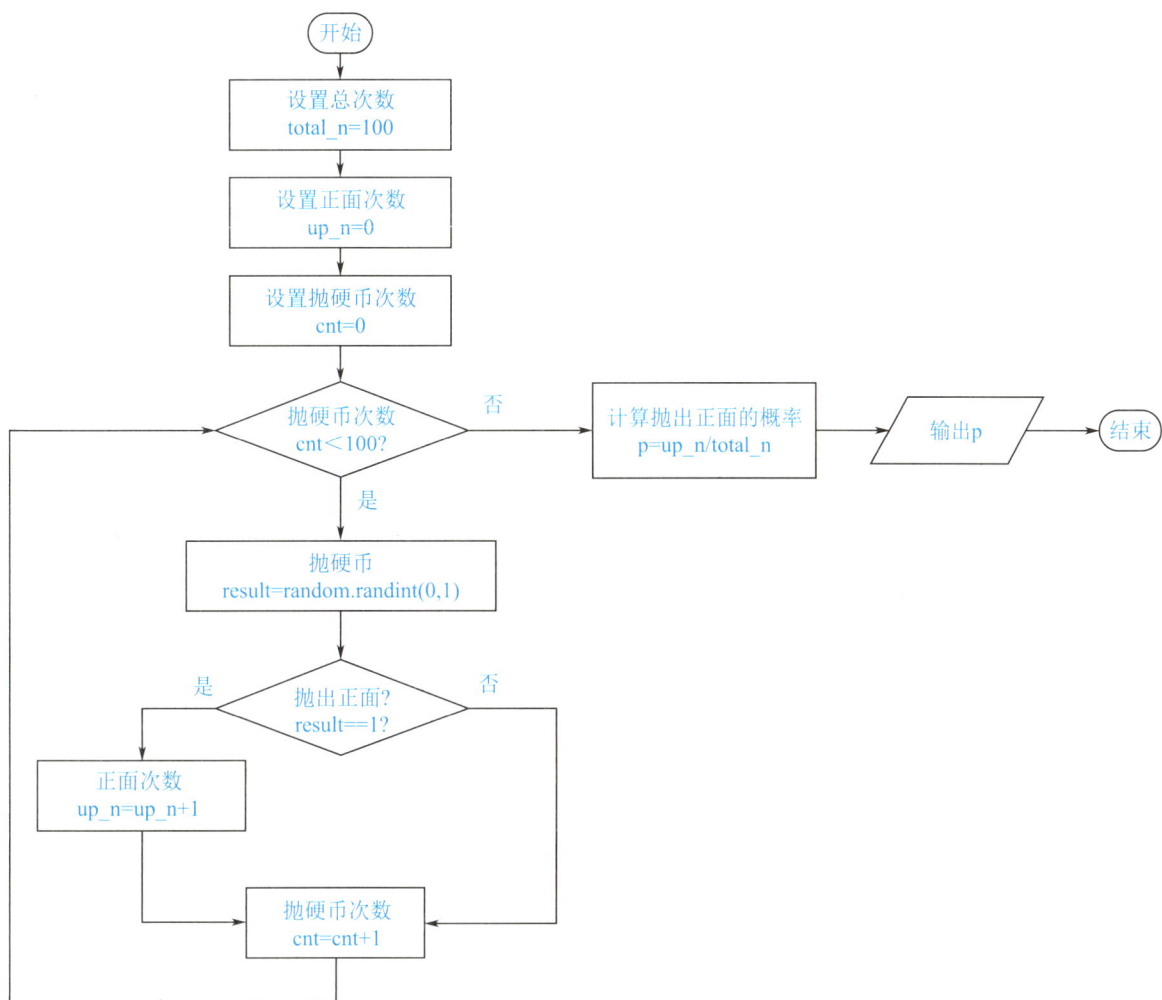

图 5-7　"抛硬币"问题的流程图

图 5-8　常见程序结构示意图

① 顺序结构。

从上往下，一步一步顺次往下执行。在选择结构和循环结构中也会有顺序结构。

② 选择结构。

在"抛硬币"程序中，判断是否抛了 100 次硬币、判断抛硬币结果是否是正面，并根据判断结果从接下来的步骤中选择其中一个执行，这便是选择结构。

③ 循环结构。

在"抛硬币"程序中，程序并不是从上到下地顺序执行，在 100 次抛硬币的过程中，每一次都需要先判断抛硬币的次数是否小于 100，然后给 result 随机赋值为数字 0 或数字 1，并判断正面次数是否加 1 等，这些步骤将被循环执行 100 次，这便是循环结构。

程序就像我们的人生一样，不会永远一帆风顺、顺序执行。有时我们会面临选择，有时可能会在一个地方原地打转，但也正是因为有了这些时刻，生命才更加精彩。在程序的世界里，也正因为有了选择和循环，程序设计也才更加有趣，更加便捷高效。

> **说一说**
>
> 如何利用计算思维解决日常生活中的具体问题？

任务 2　设计简单程序

设计程序是将解决问题的方案付诸实践的过程。而了解程序设计语言的基础知识是需要迈出的第一步，因为程序设计语言是我们与计算机进行沟通的重要工具。接下来，将学习如何编写、运行和调试简单程序，并了解典型算法和功能库的使用方法，编写程序来解决实际问题。在这个过程中，将不断体会运用程序设计解决问题的过程和方法，体会程序设计的理念。设计简单程序思维导图如图 5-9 所示。

图 5-9　设计简单程序思维导图

◆　**任务情景**

临近春节，许多商店都在发放环保购物袋与打折券，促销活动吸引了很多顾客去购买商品。小华心想：这些购物袋又漂亮又环保，还能吸引更多顾客购买商品，但也不禁疑问商家发放的打折券让每个商品的价格降低了，那么商家最后获得的利润是比平时更高还是更低了呢？如果他将来也开一家店，到了打折季，为了获得最高的利润，怎么决定打几折呢？带着这些疑问，小华找到了堂兄。

◆　**任务分析**

堂兄听了小华的疑问，说："打折和给商品定价可是一门学问啊，根据对消费者消费心理等情况的了解，可以编写程序来计算打几折可以获得最高利润，还能够预测打折活动带来的具体利润呢。"

学习程序设计语言是与计算机进行沟通的基础，本节以 Python 语言作为编程工具，学习如何创建并运行程序，了解程序设计语言的基础知识，并设计程序来帮助小华解决打折问题。

5.2.1　了解程序设计语言的基础知识

在英语课上，小华学习了很多英语语法，小华发现，当他掌握了这些语法知识及单词的含义时，就能理解一段英文的含义是什么，并且能够自己说出一段完整的英语了。同样的道理，要理解一段程序代码、编写一个程序就需要先了解程序设计语言的"语法"，即程序设计语言的基础知识。

在上一节中，我们了解了不同的程序设计语言的特点，它们有着各自不同的语法。但事实上，所有程序设计语言之间都有相通的地方，有关程序设计的基本内容也适用于其他程序设计语言。其中，Python 语言具有语法简洁优雅、简单易学、可扩展性强等特点，非常适合编程初学者学习。因此，在这一节中，我们将学习 Python 语言的基础语法知识。学习 Python 是走进编程世界的一个起点，将来也可以轻松学习其他程序设计语言。

1. Python 开发环境 IDLE

从 Python 的官网上下载并安装了 Python 之后，同时也就安装了 IDLE（集成开发与学习环境）——Python 的官方标准开发环境。

IDLE 集成了整个代码编辑时要用到的东西，包括交互式 Shell 和编辑器。其中，交互式 Shell 相当于一个简化的编辑器，如果只需要编写一些小的验证性代码，可以在 Shell 中编写代码并执行；但如果需要编写完整的 Python 程序，或者需要将代码保存并希望能够反复运行，就要使用编辑器了。

IDLE=交互式 Shell +编辑器

（1）在 Shell 中输入并运行 Python 指令。

在 Windows 操作系统左下角的搜索框中输入"IDLE"，找到 IDLE 应用程序，单击即可启动，出现 Python 的交互式 Shell 窗口，如图 5-10 所示。

在">>>"提示符后面，输入一条 Python 指令，回车，Python 将执行该指令，并在下一行显示该指令执行的结果。指令执行完成后，将在下一行出现一个新的">>>"提示符，等待下一条指令的输入。

图 5-10　启动 Shell

例如，在">>>"后输入一行 Python 语句 print('Hello world!')，并按下【Enter】键，Python 将在下一行打印输出"Hello world!"，如图 5-11 所示。

注意：代码中所有字符均为英文字符，包括引号和括号。并且，print()语句的前面没有空格，如果有多余的空格，Python 执行指令时会报错，如图 5-12 所示，红色的 SyntaxError 是报告的错误类型。

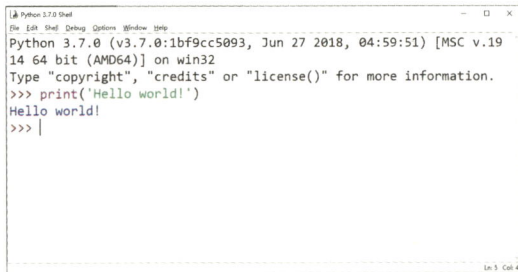

图 5-11　打印输出"Hello world!"

图 5-12　报错

知识卡片——缩进

Python 语言以缩进控制语句的级别，就像编写文档时设置大纲级别为 1 级、2 级、3 级。在 Python 中，有相同缩进的一组连续语句属于同一逻辑层级的语句，在每行语句开头的空格或制表符就是缩进，通常用 4 个空格或 1 个制表符表示一个缩进。因此，在编写 Python 程序时，要严格控制每行语句开头的缩进。

（2）在 IDLE 中创建并运行 Python 程序。

在 IDLE 的交互式 Shell 中，虽然能方便快速地执行 Python 指令，但每次只能输入一行代码、执行一条指令，不能连续执行多条指令。因此，我们需要一个新的方式来执行一连串的

Python 指令——程序。

① 第一步：创建程序。

启动 IDLE，单击"File"→"New File"命令，弹出 IDLE 的文件编辑器窗口，如图 5-13（a）所示。接着在编辑器窗口中输入 3 行 Python 语句，如图 5-13（b）所示。

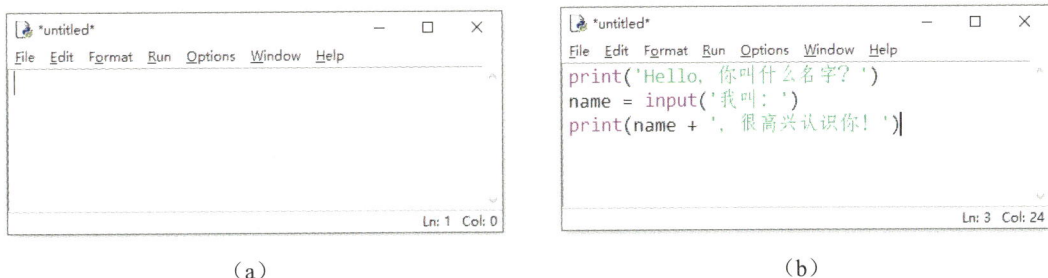

（a）　　　　　　　　　　　　　　　　　（b）

图 5-13　在编辑器中输入语句

② 第二步：保存程序。

按【Ctrl+S】组合键或者单击"File"→"Save As"命令保存源代码文件，弹出"另存为"窗口，在"文件名"文本框中输入文件名，如"hello"，"保存类型"选择"Python files"，然后单击"保存"按钮，如图 5-14 所示。保存成功后，即可在保存的地方找到刚刚创建的 Python 程序文件 hello.py。

Python 程序文件也叫 Python 可执行文件，它能够存储多条 Python 指令序列，是一个后缀名为.py 的文件，运行它时，其中的指令可以被连续执行。

③ 第三步：运行程序。

单击 Python 编辑器菜单栏中的"Run"→"Run Module"命令或者按【F5】快捷键即可运行程序，运行程序界面如图 5-15 所示。

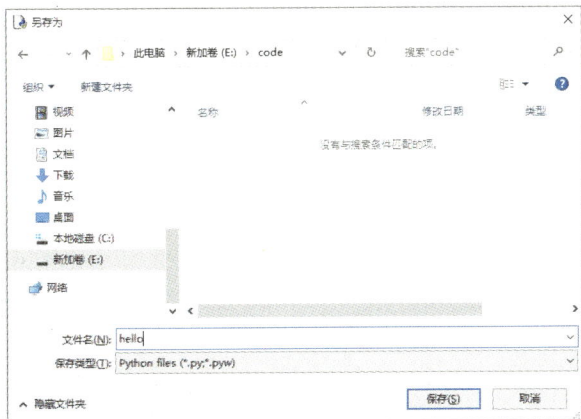

图 5-14　保存程序文件

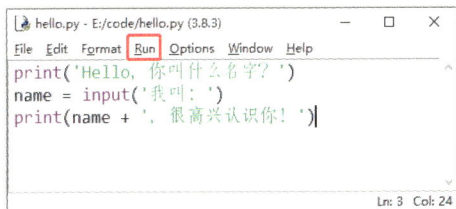

图 5-15　运行程序界面

运行之后，将首先在 IDLE 的 Shell 面板输出一行文字"Hello，你叫什么名字？"，然后在第二行输出"我叫："，同时光标闪烁，等待用户输入。此时，小华通过键盘输入了他的名字"小华"，并按下【Enter】键，之后，程序继续在第三行输出："小华，很高兴认识你！"。

```
Hello，你叫什么名字？
我叫：小华
小华，很高兴认识你！
>>>
```

④ 第四步：再次打开保存的程序。

将一连串程序指令保存成一个 Python 程序文件，不仅可以让其中的指令连续执行，还可以将其保存，当下次需要其进行查看、编辑和修改时，再次打开保存的程序即可。打开程序的方式有以下两种：

方式一：从 IDLE 中打开保存的程序文件。单击"File"→"Open"命令，在所出现的窗口中选择文件，单击"打开"按钮。刚刚保存的 hello.py 程序将会在文件编辑窗口中打开。

方式二：直接打开程序文件。找到要打开的 Python 程序文件并单击鼠标右键，在弹出的快捷菜单中选择"Edit with IDLE"命令。

2. 数据类型和表达式

在程序设计中，将现实生活中的问题转化成计算机能够处理的形式是利用计算机解决问题的关键步骤，而数据和表达式就是对问题进行重新表述的关键。

（1）数据类型。

数据是对信息的刻画，不同的数据类型可以表达不同的信息。在 Python 中，常见的数据类型见表 5-4。

表 5-4　常见的数据类型

数 据 类 型	描　　述
整数型	数学中的整数，包括正整数、负整数和 0。如 1，-21，0 等
浮点型	数学中的小数，小数点是它的标志。如 3.14，-2.0 等
字符串型	用单引号、双引号或三引号表示。如'a'、"Hello"，"'你好！'"等
布尔型	只有两种值：True 和 False，分别表示逻辑的"真"和"假"

① 数据类型的转化。

不同的数据类型之间存在差异，不能进行相互运算。因此，必要的时候，需要对数据类型进行转化。在 Python 中，内置函数 str()、int()、float()可以分别将数据转化成字符串型、整数型和浮点型，其作用及示例见表 5-5。

表 5-5　转化函数

转 化 函 数	作　　用	示　　例	
str()	转化成字符串	str(123)	转化结果：'123'
int()	将数字或类似整数的字符串转化成整数	int(1.5)	转化结果：1
		int('100')	转化结果：100
		int('1.5')	转化失败！！
float()	将数字或类似浮点数的字符串转化成浮点数	float(2)	转化结果：2.0
		float('2.5')	转化结果：2.5
		float('hello')	转化失败！！

例如，字符串和字符串之间可以通过"+"连接运算符，将两个字符串连接成一个字符串：

```
>>> 'Hello ' + '2021'
'Hello 2021'
```

数字和数字之间也可以通过加法运算符"+"计算两个数字的和：

```
>>> 10 + 2021
2031
```

但字符串和数字之间却不可以进行"+"加法运算，在下面的反例中，可以从 TypeError 看出错误的原因：

```
>>> 'Hello ' + 2021
Traceback (most recent call last):
  File "<pyshell#5>", line 1, in <module>
    'Hello ' + 2021                          出错代码及其行数
TypeError: can only concatenate str (not "int") to str
>>> '10' + 2021
Traceback (most recent call last):
  File "<pyshell#7>", line 1, in <module>
    '10' + 2021
TypeError: can only concatenate str (not "int") to str
```

> TypeError 错误描述，通常可据此分析错误原因以进一步调试程序

这时，我们可以根据需要对数据类型进行转化：

```
>>> 'Hello ' + str(2021)
'Hello 2021'
```

> 将数字 2021 转化成字符串'2021'

```
>>> int('10') + 2021
2031
```

> 将字符串'10'转化成数字 10

② 组合数据类型。

除了以上几种常见的数据类型，还有一种组合数据类型，可以将一组数据统一存储和管理，以便于程序对一组数据进行批量处理。例如，遍历一组水果的英文单词、找到运动会报名跑步和跳远的同学、登记一个学生的各项信息……Python 中，字符串实际上也是一种组合数据类型，每个字符都是它的元素。除此之外，常见的组合数据类型见表 5-6。

表 5-6　常见的组合数据类型

组合数据类型	描　　述
列表	用方括号[]创建，其中的元素有序存放，索引号从 0 开始，且可修改、增添、删除元素。如[1,1,3]，['apple','banana']等
元组	用小括号()创建，其中的元素有序存放，索引号从 0 开始，不可修改、增添、删除元素。如(1,1,3)，('apple','banana')等
集合	用花括号{}创建，其中的元素无序存放，无索引号，但不能重复。如{1,2,3}，{'小华','大华','天歌'}，{'小华','清波'}
字典	用花括号{}创建，其中每个元素都是一个键值对（key=>value），具有映射关系，无序存放，可通过键获取对应的值。如{'name':'小华', 'age':15}

例如，将一组水果单词存放在 fruit 列表中，表示用户喜欢的水果。开始用户将第一喜欢的水果变成了桃子（peach），接着用户又新增了一个喜欢的水果草莓（strawberry），最后用户又不喜欢梨（pear）了。用程序表示这个过程：

```
>>> fruit = ['apple', 'banana', 'pear', 'grape']

>>> fruit[0] = 'peach'          修改第一个元素为'peach'
>>> fruit.append('strawberry')  在末尾添加一个元素'strawberry'
>>> fruit.remove('pear')        移除值为'pear'的元素

>>> fruit
['peach', 'banana', 'grape', 'strawberry']
```

（2）表达式。

计算机不仅能进行数学运算，还能进行逻辑运算，对应的 Python 中表达式也有算术表达式和逻辑表达式。

① 算术表达式。

在 Python 中，"算术表达式"就是数学中的"算式"，1+2、2-5 都是算术表达式。它由算术运算符和操作数组成，例如，1+2 中，1 和 2 都是操作数，"+"是算术运算符。

✓ 算术表达式的值。

算术表达式的值就是算式的计算结果，比如：算术表达式 1+2 的值是 3。另外，单个数字也可以看作一个特殊的算术表达式，其值就是这个数本身。在 Python 的交互式 Shell 中输入一个算术表达式，按【Enter】键后即可得到该算术表达式的值。例如，计算表达式 1+2 的值：

```
>>> 1+2
3
```

除了"+"，Python 中还有其他一些常用的算术运算符，见表 5-7 所示。

表 5-7　常用的算术运算符

算术运算符	算术表达式示例	描　　述	值
+	1+2	1 加 2	3
−	1-2	1 减 2	−1
*	1*2	1 乘以 2	2
/	10/4	10 除以 4	2.5
//	10//4	10 整除 4（10 除以 4，取商的整数部分）	2
%	10%4	10 除以 4，取余数	2

② 逻辑表达式。

算术表达式用以表达数字之间的计算，逻辑表达式则通常用以表达对象之间的关系，例如大小关系、包含关系等。

✓ 逻辑表达式的值。

逻辑表达式的值只有两种，分别是 True 和 False，表示这个逻辑是否成立，即表示这件事情的真和假。通常用逻辑表达式进行逻辑判断，若逻辑成立，则逻辑值为 True；否则，逻辑值为 False。在 Python 的交互式 Shell 中输入一个逻辑表达式，按【Enter】键后可得到该逻辑表达式的值。例如，1>2 是一个 "假" 命题，因此逻辑表达式 1>2 的值为 False：

```
>>> 1>2
False
```

✓ Python 关系运算符。

除了表示 "大于" 的关系运算符 ">"，Python 中还有其他一些常用的关系运算符，见表 5-8。

表 5-8　常用的关系运算符

关系运算符	逻辑表达式示例	描　　述	值
>	1>2	1 大于 2	False
<	1<2	1 小于 2	True
==	1==2	1 等于 2	False
>=	1>=2	1 大于等于 2	False
<=	1<=2	1 小于等于 2	True
!=	1!=2	1 不等于 2	True
in	'e' in 'hello'	字符串'e'包含在字符串'hello'中	True

✓ Python 逻辑运算符。

对于一些更复杂的逻辑，例如 "并且" "或" "非" 这样的复合逻辑，可以用逻辑运算符来表达。在 Python 中，逻辑运算符为 and（并且）、or（或）、not（非）。

在复合逻辑中，表达式的值是 True 或 False，不仅取决于表达式中各个条件的真假，还取决于连接这些条件的逻辑运算符是什么，具体分析见表 5-9。

表 5-9　复合逻辑分析表

	A 和 B 均为 True	A 为 True，B 为 False	A 为 False，B 为 True	A 和 B 均为 False
A and B	True	False	False	False
A or B	True	True	True	False
not A	False	False	True	True

当条件 A 和条件 B 同时满足，表达式 "A and B" 的值为 True；当条件 A 和条件 B 中有一个条件不满足，表达式 "A and B" 的值为 False。例如，10<20<30 是一个复合逻辑：10<20 且 20<30，由于 10<20 和 20<30 都成立，因此 10<20<30 的逻辑值为 True：

```
>>> 10<20 and 20<30
True
```

3. 变量和赋值

在 Python 程序中，为了让计算机"记住"某个信息，可以通过创建"变量"，将信息保存在计算机里一个负责"记忆"的地方——内存。

（1）变量：对象的名字。

变量指向内存中某个数据对象存储的位置，我们可以把变量看作对象的名字或代号。例如，在 hello.py 程序中，将用户输入的名字信息存储在了变量 name 中，变量 name 就代表着用户输入的名字。

```
name = input('我叫：')
```

变量命名规则一般有以下 4 条：

① 变量名必须以字母或下画线"_"开头；

② 变量名中其他字符必须是字母、数字或者下画线"_"，这意味着一个名字中不能用空格（例如：my name 就不是一个合法的变量名，因为中间有空格）；

③ 变量名区分大小写，abc 和 ABC 是两个不同的变量；

④ 变量不能与 Python 的关键字、内置函数名、内置模块名等重名，如不可给变量取名为 int、print 等。

通常，一个有意义的名字会比一个没有意义的名字更受青睐。当变量名字的含义较复杂时，常采用驼峰命名法和下画线命名法进行命名。

例如，变量名 userName、printNum 采用的是驼峰命名法，变量名 user_name、print_num 采用的是下画线命名法。

（2）赋值：创建变量的过程。

"赋值"是创建变量的过程，当需要程序记住某个信息（或对象）的时候，就在内存中开辟一块地方，把这个对象放在里面，同时，给这个对象取一个名字，并让这个名字指向对象所在的位置。在 Python 中，一个变量只有被赋予了一个具体的值才会被创建，即只有变量名和内存中的某个对象建立起联系后才算赋值成功。

在 Python 中，赋值操作是通过赋值操作符"="来完成的。这里的"="不是数学上的"等于"，而是一个赋值符，其作用是把右边的内容赋值给左边的变量，使对象和变量名建立起对应联系。

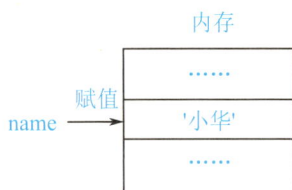

图 5-16　赋值示意图

例如，name = '小华'，将字符串"小华"赋给了变量 name，name 将指向内存中字符串"小华"存储的位置，字符串"小华"就是变量 name 的值，如图 5-16 所示。当然，如果用户输入了其他内容，name 将被赋为其他值，并指向对应对象所在的存储位置。

（3）变量类型。

在 Python 中，变量可以被赋予不同类型的值，而被赋予了不同类型值的变量，是不同类型的变量。例如，在下面的程序中，变量 name 的值是字符串"小华"，因此变量 name 是字符串变量；变量 age 的值是整数 15，因此变量 age 是整数变量。

```
name = '小华'
age = 15
```

（4）访问变量的值。

赋值操作完成之后，变量就代表内存中存储的该数据对象，因此，可以通过变量名来访问具体的值。例如，在 hello.py 的第 3 行代码中，通过变量 name 输出用户的名字。

```
print('Hello,你叫什么名字？')
name = input('我叫：')
print(name + '，很高兴认识你！')
```

> 通过变量 name 访问内存中存储的数据对象

在程序中，变量的值可以改变。当一个变量被赋予了一个新值，它就会指向新值所在的位置。例如，创建变量 score 来记录玩家得分，初始化 score 为 0，每次游戏获胜时，score 被重新赋值为 score+1，程序将先计算出右边 score+1 的和为 1，然后将 score 变量指向内存中存储数字 1 的地方，而不再指向内存中存储数字 0 的地方，如图 5-17 所示。

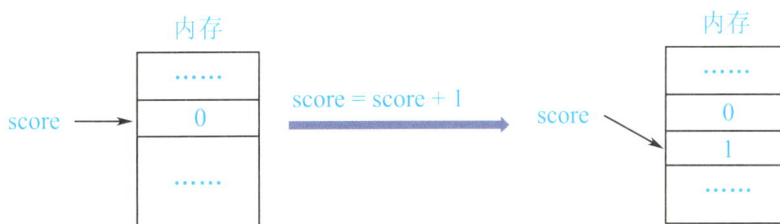

图 5-17　变量值改变的示意图

4．函数和模块

在 Python 中，函数和模块都可以看作 Python 的"工具"，它们让程序设计变得更加简单和方便。

（1）函数。

① 函数的概念。

在 hello.py 程序中，print()和 input()都是 Python 的函数，分别用于打印输出和键盘输入。函数是将一系列复杂的操作或一系列连续的指令打包，"封装"成一条指令，这样，在程序的其他地方，就可以根据需要随时调用这条函数指令。就像我们去餐厅吃饭，顾客只需要"点菜"，厨师就会做出美味佳肴，而顾客自己不需要亲自去执行做菜的每个步骤。

图 5-18　调用函数示意图

要在屏幕上打印出一行文本，计算机其实需要进行很多复杂的操作，但是由于这是一个很常用的功能，因此 Python 的设计者便将所有用于打印输出的底层指令"封装"起来，并将其命名为 print，这样，我们只需调用一条指令——print()，就能自动调用函数中被封装的底层代码了，如图 5-18 所示为调用函数示意图。

> 调用函数的方式：函数名()

print()函数和 input()函数是 Python 中自带的"工具"，是 Python 的"内置函数"。内置函数可以帮我们做很多事情，让编程更加轻松，它让我们"站在巨人的肩膀上"。

② 函数参数。

为了让函数的使用更具有灵活性，我们可以向函数传递参数。函数的参数就像做菜时加的调料，加入不同的调料，就会烹饪出不一样的味道。在数学课上，$f(x)=x+1$ 也是一个函数，x 的值不同，得到的 $f(x)$ 就不同。

> 调用带参数函数的方式：函数名(参数)

比如，print()函数是一个带参数的函数，其功能是打印输出一行文本并自动换行，括号里的参数可以为空，也可以是一个文本或一个数字，表示要打印输出的内容。

③ 函数的返回值。

✓ 没有返回值的函数。

没有返回值的函数只需完成一个或多个操作，完成操作后不必向调用它的地方返回任何数据。例如，print()函数是一个没有返回值的函数，它只需要完成"输出"操作即可。

✓ 有返回值的函数。

有返回值的函数执行完成一系列操作后，会将函数的执行结果返回到调用它的地方。例如，input()函数是一个有返回值的函数，它在获取到用户输入的数据之后，会将输入内容以字符串形式返回到调用它的地方。因此，有返回值的函数也可以被看作是一个数据对象，可以在程序中进行赋值和运算操作。在 hello.py 程序中，第二行代码就是将用户输入的"名字"赋给 name 变量。

```
name = input('我叫：')
```

④ 自定义函数。

print()、int()等是 Python 的设计者已经定义好的函数，称为"内置函数"。在 Python 中，也可以根据需要自己定义函数，并在程序中调用它们，自己定义的函数是"自定义函数"。

函数定义

```
def 函数名(参数1,参数2……):
    语句1
    语句2
    ……
```

✓ def 是函数定义的关键字，取自英文单词 definition（定义）；

✓ 函数定义时需指明函数的名字，好比为一道菜取一个名字；

✓ 括号中可以设置函数的参数，多个参数用逗号"，"隔开；

✓ 冒号"："表示即将开始定义函数内部的语句；

✓ 封装在函数里的代码有相同的缩进，表示它们属于这个函数，是同一个语句块。语句块是具有相同缩进的一组连续语句。在 Python 中，用"："标志一个语句块的开始，在其他程序设计语言中，使用特殊单词（如 Begin 和 End）或字符（如"{"和"}"）标志一个语句块的开始和结束。

函数调用

和调用 Python 的内置函数一样，自定义函数也通过函数名和括号来调用，函数名需与函数定义时的函数名保持一致。如果定义了参数，可以在调用时传入参数。

```
函数名(参数1,参数2……)
```

例如，自定义一个"做牛肉面"的函数 makeNoodles()，并设置辣度参数 spicy，然后调用该函数，传入辣度选项为"特辣"，输出做一碗"特辣"牛肉面的步骤。

```
noodles.py
01.  def makeNoodles(spicy):
02.      print('开始制作牛肉面')
03.      print('烧水')
04.      print('煮面')
05.      print('配味: ' + spicy)
06.      print('加汤')
07.      print('加牛肉')
08.      print('牛肉面做好了!')
09.  makeNoodles("特辣")
```

函数定义：教"厨师"做牛肉面的方法步骤。

函数调用：向"厨师"下达"做面"的指令。

运行输出：

```
开始制作牛肉面
烧水
煮面
配味：特辣
加汤
加牛肉
牛肉面做好了!
```

在上面的程序中，如果只定义 makeNoodles() 函数而不调用它，即没有第 9 行代码，程序还会执行函数里的内容，将做牛肉面的步骤打印出来吗？为什么？

"函数定义"只是教会了厨师做面的方法，"函数调用"才是下达"做面"指令，因此，若程序定义了函数而没有调用函数，函数里的代码就不会被执行。另外，由于程序是从上到下执行的，当它看到函数定义时，才会将其记录下来，完成函数定义的"注册"。因此，Python 中的函数定义必须放在函数调用之前，就像让厨师做面之前，得先教会厨师怎么做面。

⑤ 函数的妙用。

✓ 避免代码冗余。

函数是对代码的一种封装，我们只需要在函数中写一次代码，就可以对这些代码进行重复利用，非常方便。例如，在 noodles.py 中，将做面的步骤封装到 makeNoodles()函数中，之后每次需要"做面"时，只需调用函数，就可以执行所有"做面"的步骤。

✓ 方便程序修改。

当代码需要修改时，只需在函数中修改一次，而不用在每一个需要做这件事的地方修改代码。例如，当"做面"的步骤发生更改，或者增加了面的一些规格选项，如酸度、是否加香菜等，只需要在函数定义中修改一次即可。如果不使用函数，则要对每一次"做面"的程序进行修改。

✓ 实现模块化编程。

函数将多行代码封装成一行语句，通过函数名能很容易地知道程序在做什么，增加程序的可读性。在更复杂的程序中，可将任务分解为几个子任务，若我们将每个子任务的实现代码封装成函数，将每个子任务看作一个"模块"，则可实现模块化编程。当程序有问题时，我们只需关注是哪个模块出现了问题，再进行深入排查，而不必在整个程序中进行"大海捞针"般的工作。

在设计较复杂的程序时，一般采用自上而下的方法，将问题划分为几个部分，各个部分再进行细化，直到分解为较好解决的问题为止。模块化编程，简单地说就是程序的编写不是一开始就逐条录入计算机语句和指令，而是首先用主程序、子程序（函数定义中的代码是子程序，函数调用的代码是主程序）等框架把程序的主要结构和流程描述出来，并定义好各个框架之间的输入输出关系。

就像"搭积木"一样，一块积木就是负责一个功能的小程序块，模块化编程就是将这些积木有组织地搭建起来。模块化的目的是降低程序的复杂度，使程序设计、调试和维护等操作简单化。

事实上，我们也常常用"模块化"的思想解决生活中或学习中的问题。比如我们会将自己的生活安排分为学习模块、锻炼模块、休息模块等，在不同模块中再进行不同的安排。模块化，能提高我们学习和工作的效率。

（2）模块。

① 模块是什么？

在本章最开始的"抛硬币"问题中，random 随机数模块就是 Python 中的一个模块。模块的本质是一个 Python 可执行文件，里面有许多已经定义好的功能相似的函数、变量、类及一些可执行代码。模块就好比一个工具箱，里面装着各种各样的工具，可供我们使用。例如，random 模块这个"工具箱"里有很多与随机数相关的"工具"，randint(a,b)函数就是其中一个"工具"，用于获取 a～b 之间的一个随机整数。

random 模块是 Python 自带的一个模块，称为 Python 的内置模块。除此之外，我们也可以自己设计模块，称为自定义模块；由其他程序员设计好的模块，则称为第三方模块，或第三方功能库。

② 模块的分类。

✓ 内置模块。

Python 内部早已设定好模块，可直接导入使用。如 random 模块（随机数"工具箱"）、time 模块（时间"工具箱"）、math 模块（数学"工具箱"）、tkinter 模块（图形界面开发"工具箱"）等。

✓ 自定义模块。

由编程者自己设计的.py 文件作为模块。

✓ 第三方模块。

其他程序员设计的并开放给大家使用的模块，需先下载至本地或通过网络连接该模块，再导入使用。如 matplotlib 绘图模块、pandas 数据分析模块等。

③ 模块的使用。

模块是一个"工具箱"，因此，要使用模块中的"工具"，必须先把"工具箱"买回来。在 Python 程序中，使用模块之前应先将模块导入程序中。

第一步：导入模块。

将模块导入到程序中，其目的是将模块中的程序代码导入自己的程序中。在 Python 中，通过关键字 import 导入整个模块：

```
import random
```

第二步：使用模块。

模块导入成功之后，就像是把"工具箱"买回家了，里面的"工具"自然都可以使用。将模块导入程序后，模块中的代码都可以看成是程序的代码，模块中定义好的变量、函数等代码都可以调用。

模块中函数或变量的调用方式："模块.成员"。其中，"."是 Python 中的成员访问运算符，通过"模块.成员"，程序才能知道这些函数和变量来自哪个"工具箱"，这样不仅便于模块管理，也解决了模块中的函数或变量与程序中已有的函数或变量可能重名的问题。

例如，导入 random 模块并调用 random 模块中的 randint(a,b)函数。randint(1,2)表示要么产生一个 1，要么产生一个 2：

```
>>> import random
>>> random.randint(1,2)
1
>>> random.randint(1,2)
2
```

> 调用 random 模块中的 randint(a,b)函数，产生 1 或 2 的随机整数。

（3）函数和模块的作用。

人的时间和精力是有限的，学会使用工具，站在"巨人的肩膀"上前进，是我们能不断发展的原因。借助函数和模块，我们能更方便快捷地设计出功能复杂多样的程序。另外，通过自定义函数进行模块化编程，将不同的功能封装成不同的函数，也能让程序更加简洁，逻辑更加清晰，便于程序的修改、调试和维护。

5. 判断和循环

程序主要由三种结构组成，分别是顺序结构、选择结构和循环结构。在程序设计语言中，条件控制语句和循环语句让程序能够实现更加复杂的逻辑，完成更加复杂的任务。

（1）条件控制语句。

条件判断在我们的生活中无处不在，在"抛硬币"问题中：

如果抛出正面，

则正面次数+1。

用程序流程图来表示这个逻辑，如图 5-19 所示。

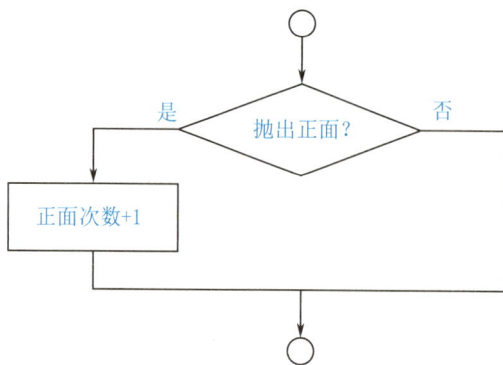

图 5-19　条件控制语句流程图

在 Python 中，有一个特殊语句——条件控制语句，用于进行条件判断。条件语句就像一个岔路口，程序会首先在岔路口进行条件判断，然后根据条件判断的结果进入相应的道路，控制程序执行相应的语句。

① 条件控制语句的构成。

条件控制语句由关键字、判断条件，以及子句构成。if、elif 和 else 都是 Python 中的关键字，所以当输入 if、elif 和 else 时，可以看到它们的颜色为橙色（不同的编辑器颜色可能不同）。在 if 语句、elif 语句和 else 语句后有一个冒号 "：" 标志接下来缩进的语句为其子句。

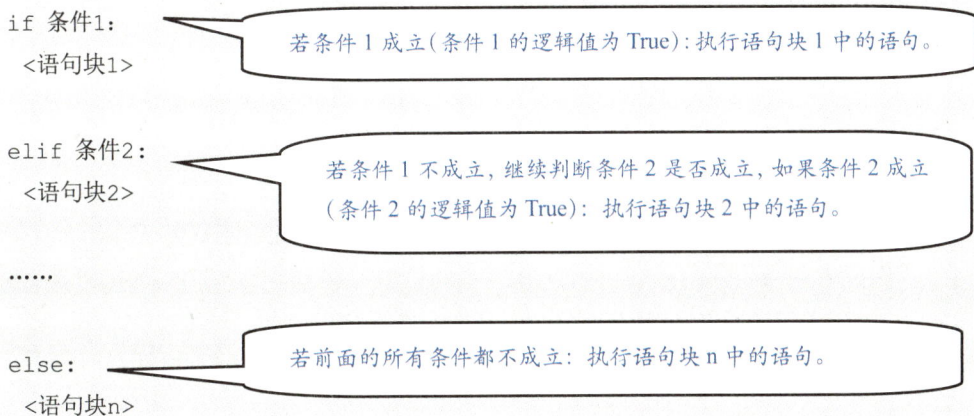

```
if 条件1:
    <语句块1>
```
若条件 1 成立（条件 1 的逻辑值为 True）：执行语句块 1 中的语句。

```
elif 条件2:
    <语句块2>
```
若条件 1 不成立，继续判断条件 2 是否成立，如果条件 2 成立（条件 2 的逻辑值为 True）：执行语句块 2 中的语句。

......

```
else:
    <语句块n>
```
若前面的所有条件都不成立：执行语句块 n 中的语句。

条件控制语句的运行让程序不再只有一条道路可以走，它能给程序提供多个选择，并根据不同的条件让程序走向不同的道路，得出不同的结果。在程序运行时，总是先判断 if 语句的条件，若 if 语句的条件不成立，再顺次判断后面的 elif 条件是否成立，若所有 elif 条件都不成立，才会执行 else 语句中的内容。

例 1：将 1～10 的整数分为 1～5、6～10 这两个区间，获取 1～10 的随机数，并判断随机数所属区间。流程图如图 5-20 所示。

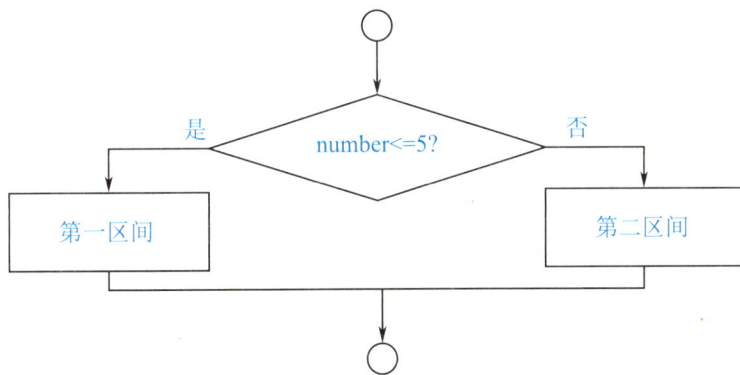

图 5-20　例 1 流程图

```
checkNumber1.py
01.import random
02.number = random.randint(1,10)
03.if number<=5:
04.    print('第一区间')
05.else:
06.    print('第二区间')
```

例2：将1～10的整数分为1～3、4～6、7～10这3个区间，获取1～10的随机数，并判断随机数所属区间。流程图如图5-21所示。

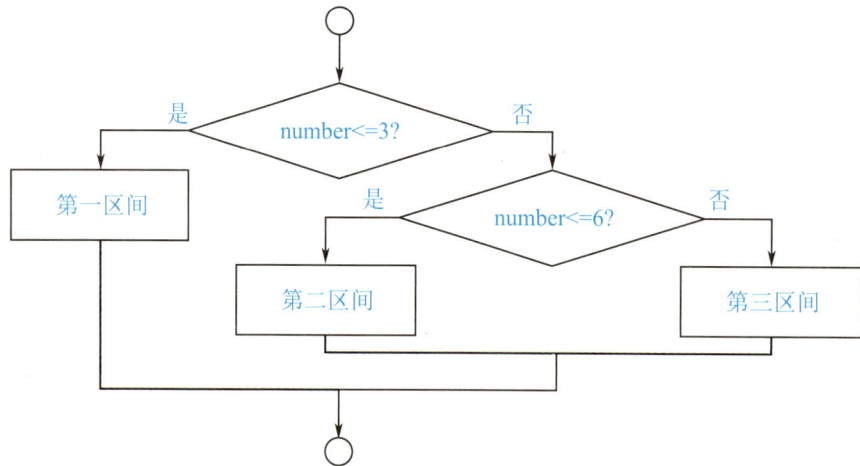

图 5-21　例 2 流程图

```
checkNumber2.py
01.import random
02.number = random.randint(1,10)
03.if number<=3:
04.   print('第一区间')
05.elif number<=6:
06.   print('第二区间')
07.else:
08.   print('第三区间')
```

②条件控制语句的嵌套。

像树枝从主干分了岔之后，在枝干上也可以继续分出更小的枝干一样，在复杂的条件判断中，有时需要在某个判断条件下"嵌套"新的条件判断。所谓"嵌套"，就像俄罗斯套娃一样，把一个条件控制语句嵌套在另一个条件语句块里，嵌套在里面的条件控制语句被看作一个整体。在 Python 中，根据代码的缩进量来控制语句的嵌套层级。

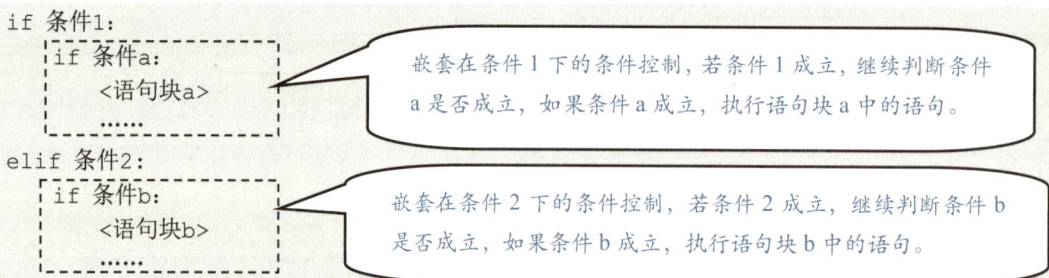

例3：将1～10的整数分为1～5、6～10两个区间，获取1～10的随机数，并判断随机数所属区间及其奇偶性。流程图如图5-22所示。

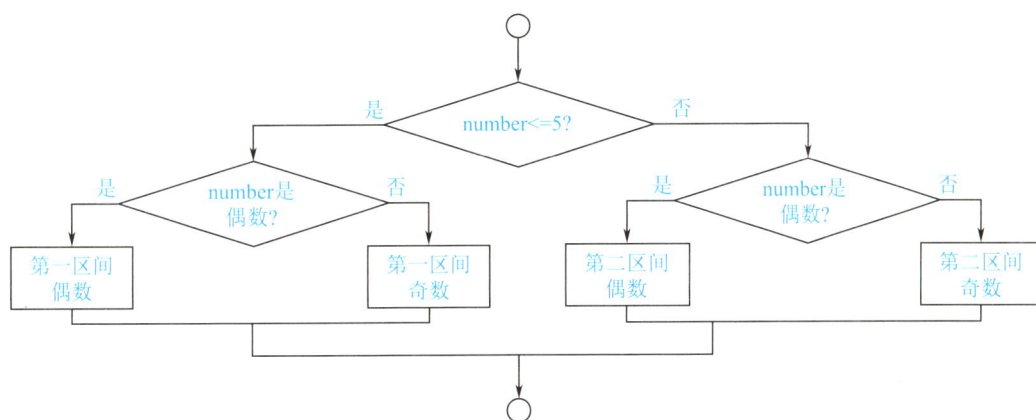

图 5-22　例 3 流程图

```
checkNumber3.py
01.import random
02.number = random.randint(1,10)
03.if number<=5:
04.    if number%2 == 0:
05.        print("第一区间的偶数")
06.    else:
07.        print("第一区间的奇数")
08.else:
09.    if number%2 == 0:
10.        print("第二区间的偶数")
11.    else:
12.        print("第二区间的奇数")
```

（2）循环语句。

① while 语句。

while 语句由 while 关键字、判断条件及循环体组成，其流程图如图 5-23 所示。在 while 语句后面，以一个冒号 "：" 标志其子句的开始。

while 是 "当……时" 的意思。当程序运行到 while 语句时，首先判断条件 1 是否成立，若条件 1 成立，则执行一次循环体（语句 1→语句 2→……）。循环体执行一次之后，再次判断条件 1 是否成立，若条件 1 依然成立，则再执行一次循环体，如此循环往复。直到条件 1 不被满足时，程序不再执行循环体，结束循环，继续执行后面的语句（语句 a→语句 b→……）。

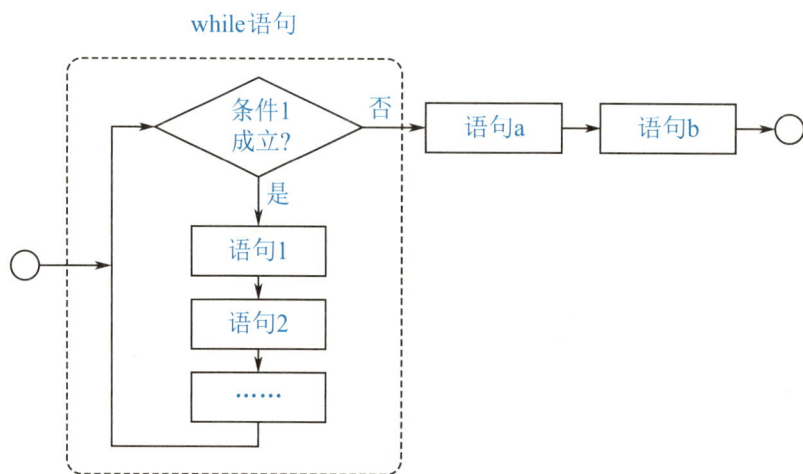

图 5-23　while 语句流程图

在"抛硬币"问题中，抛 100 次硬币就是一个循环任务，循环条件为"实验次数是否达到 100 次？"，在开始循环之前，将实验次数 cnt 变量初始化为 0，进入循环后，每次抛硬币 cnt 都自增 1，因此，循环次数为 100 次。

```
tossCoin.py
01.import random

02.up_n = 0 #记录扔出正面的次数
03.total_n = 100 #代表实验总次数
04.cnt = 0 #记录实验次数
                                          循环条件
05.while cnt<100:
06.    result = random.randint(0,1)
07.    print(result)
08.    if result==1:                        循环体
09.        up_n = up_n +1
10.    cnt = cnt + 1

11.p = up_n/total_n
12.print('扔出正面的概率为：'+str(p))
```

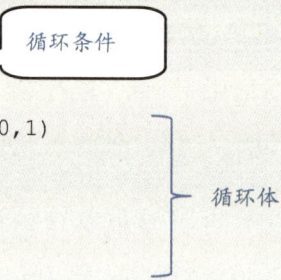

② for 语句。

for 语句和 while 语句都能控制一个程序段重复执行多次，两者的不同之处在于，for 语句通过遍历实现循环，当序列中的对象被遍历完后循环结束。

for 语句由关键字 for、循环变量、成员运算符 in、序列和循环体组成，其结构如图 5-24 所示。

✓ 序列：在 for 语句中，序列中的元素将被逐个遍历，当序列中的元素取完时，循环结束，因此 for 语句执行的次数就是序列中元素的个数。序列型数据都可以作为 for 语句中的序列，如 range()函数生成的整数序列、字符串、列表、元组等，其中，range()函数是 Python 的内置函数，它将生成一个整数序列。

✓ 循环变量：循环变量的本质是一个变量，每次循环都从序列中取出下一个元素，赋值给循环变量。

✓ 循环体：每次循环中要执行的语句（块）。

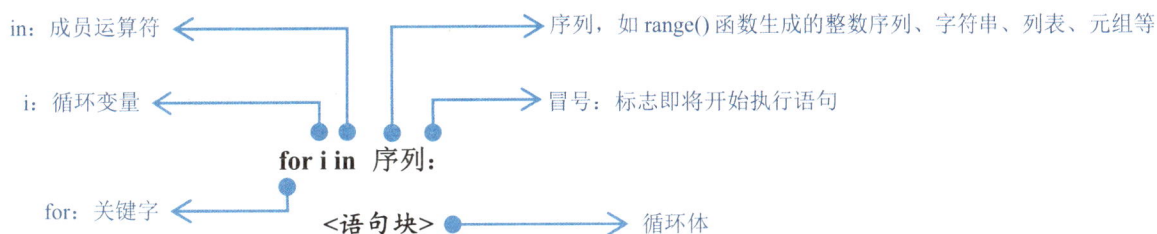

图 5-24　for 语句结构示意图

在"抛硬币"问题中，由于"抛硬币"的过程要执行 100 次，从第 1 次到第 100 次，是一个确定次数的整数序列，因此也可以用 for 语句来实现：

```
tossCoin.py
01.import random

02.up_n = 0 #记录扔出正面的次数
03.total_n = 100 #代表实验总次数

04.for i in range(100):
05.    result = random.randint(0,1)
06.    print(result)
07.    if result==1:
08.        up_n = up_n +1

09.p = up_n/total_n
10.print('扔出正面的概率为：'+str(p))
```

> range(100)将产生 0～99 的 100 个整数

> 循环体

③ while 语句与 for 语句。

for 语句和 while 语句有何共同之处？有何不同之处？其适用场景分别是怎样的？

while 语句和 for 语句都能控制程序重复执行某段代码，且对程序的控制都依赖于条件判断，若条件满足则执行循环体，否则循环结束。

不同的是，for 语句通过遍历实现循环，其循环条件为"序列是否遍历结束？"；而 while 语句应用则更为广泛。两种循环语句的对比如图 5-25 所示。

可见，在 for 语句中，循环次数由序列中元素的个数决定。因此，当需要遍历某个序列，或循环次数确定时，可用 for 语句；当循环次数不确定时，可用 while 语句。实际上，while 语句的应用更为广泛，它既可以实现不确定次数的循环，也可以实现确定次数的循环。

for循环：

while循环：

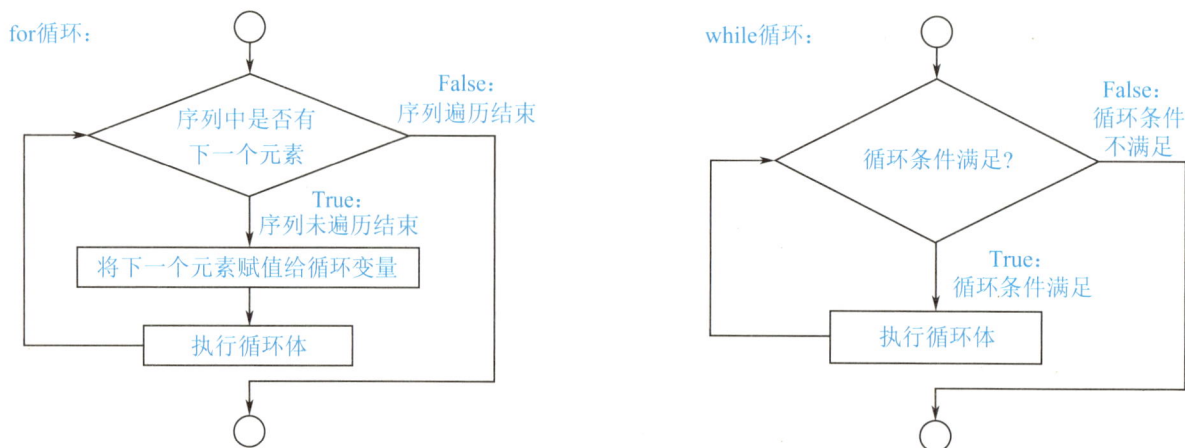

图 5-25   两种循环语句的对比

6. 面向对象

（1）类和对象。

类和对象的概念来源于我们的生活。例如，小 C 是一只猫，它喜欢吃鱼，叫声是"喵~"，会捉老鼠；小 D 是一只狗，它喜欢啃骨头，叫声是"汪！"，会看家。而世界上除了小 C 和小 D，还有其他的猫和狗，并且所有的猫都有相同的属性（如喜欢吃鱼、叫声是"喵~"）和技能（如会捉老鼠），所有的狗也都有相同的属性（如喜欢啃骨头，叫声是"汪！"）和技能（如会看家）。其示意图如图 5-26 所示。

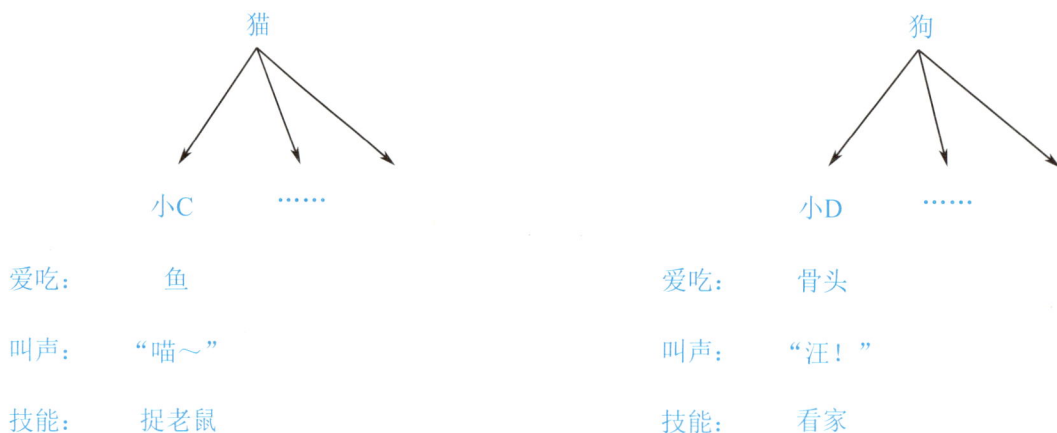

图 5-26   类和对象的概念示意图

可以说，"猫"是一个"类"，小 C 是这个类中的一个"对象"或"实例"；"狗"也是一个"类"，小 D 是这个类中的一个"对象"或"实例"。因此，类（class）是具有相同属性和相同操作的一些对象的"模板"，对象（object）则是根据类这个模板创造出来的一个具体的"实例"。

Python 中每个数据都可看作一个对象，而每个数据的类就是它所属的数据类型，不同类型的数据属于不同的类，具有不同的特征。比如，123 是一个整数，它是整数这个类的一个对象，可以进行数学运算；'123'是一个字符串，它是字符串这个类的一个对象，可以进行文本操作。

（2）面向对象和面向过程。

"面向对象"和"面向过程"本质都是解决问题的一种思想方法。相比之下，面向过程关注解决问题的一系列步骤；面向对象则是一种以事物为中心的思想方式，事物就是对象，具有一定的属性和方法。但在解决实际问题时，面向对象的方法也含有面向过程的思想，可以说面向过程是一种基础的方法，它考虑的是实际的实现。

举个生活中常见的例子：玩五子棋游戏。面向过程的设计思路是先分析问题的每个步骤：开始五子棋→黑子先走→黑子落子→判断输赢→白子落子→判断输赢→黑子落子→判断输赢……最终结束。将每个步骤用不同的方法来实现，这就是面向过程。

如果使用面向对象的方法来解决问题，整个五子棋便可以分为：黑方、白方、棋盘、裁判这四个对象。其中，黑方和白方负责接收两名选手的输入，并告知棋盘，棋盘负责显示当前棋局中棋子的布局情况，同时，裁判来对棋局的胜负进行判定。

> **说一说**
>
> 　　请结合中国空间站建造基本情况，以货运飞船为例抽象出一个飞行物类别，并用面向对象程序设计方法思考"天舟一号""天舟二号"……"天舟九号"货运飞船与这个类别的关系。

5.2.2　编辑、运行和调试简单程序

掌握了程序设计的基础知识后，小华找到堂兄，想要学习怎样设计程序来解决他还没想明白的打折问题。堂兄告诉小华，和之前的"抛硬币"问题一样，要用程序设计来解决打折问题，首先得对这个问题进行分析，然后设计相应的算法，并根据所设计的算法来编写程序。运行程序之后，还可以对问题进行进一步的反思和迁移，对程序进行优化和改进，并将解决问题的办法迁移到其他问题的解决中。这一节里，我们就来编写程序解决打折问题，体会通过程序设计解决问题的过程和方法。

1. 问题描述

假设，某商店出售的某件商品，成本为 4.5 元，售价为 15 元，在第一周的营业中，销售量为 100 个。在接下来的一周中，将进行打折活动。经过市场调查，发现商品每降价 1 元，顾客就会增加 20%的购买意愿，这意味着商品每降价 1 元，销售量就可能增加 20%。

若最低折扣为 5 折（5 个折扣点，降价 50%），在接下来一周的打折活动中，为让商店获得最

高利润，应该打几折？

2. 问题分析

商品每降价 1 元，销售量就增加 20%，根据这一市场调查结果，可以根据以下公式的计算步骤，计算出每种折扣（点）情况下活动期间的总利润：

$$折后价 = 原价 \times 折扣点 \times 0.1$$

$$活动期间销售量 = 上周销售量 \times [1 + 20\% \times (原价 - 折后价)]$$

$$活动期间总利润 = (折后价 - 成本) \times 活动期间销售量$$

为各个数据创建变量见表 5-10。

表 5-10　数据与变量对应表

数　据	变　量
原价	price
成本	cost
上周销售量	sellNum
折扣点	discount
折后价	discPrice
活动期间销售量	discSellNum
活动期间总利润	discTotalProfit

知道了活动期间每种打折情况下总利润的计算方法，接下来，只需要计算出所有打折情况下，活动期间的总利润，就可以找到其中总利润最高的打折方法。

3. 算法设计

在拍卖活动中，工作人员会先给出一个底价，然后让所有参与者在此基础上报价，每当出现比当前最高价更高的价格时就更新当前最高价……直到没有人再报出更高的价格，就以当前最高价成交。寻找最佳打折方法的过程也一样，首先创建两个变量分别存储最高利润和最高利润对应的折扣，将最高利润对应的折扣初始化为 10，表示不打折，最高利润初始化为不打折时的一周利润。然后从 5 折（5 个折扣点）开始递增折扣，依次计算每种打折方式下的总利润。如果某种折扣方式下，一周总利润比最高利润高，则更新最高利润和对应的折扣点，直到计算并比较完所有的折扣方式下的一周总利润，也就找到了所有方式下的最高利润及其对应的折扣点。将这一算法用流程图表示，如图 5-27 所示。

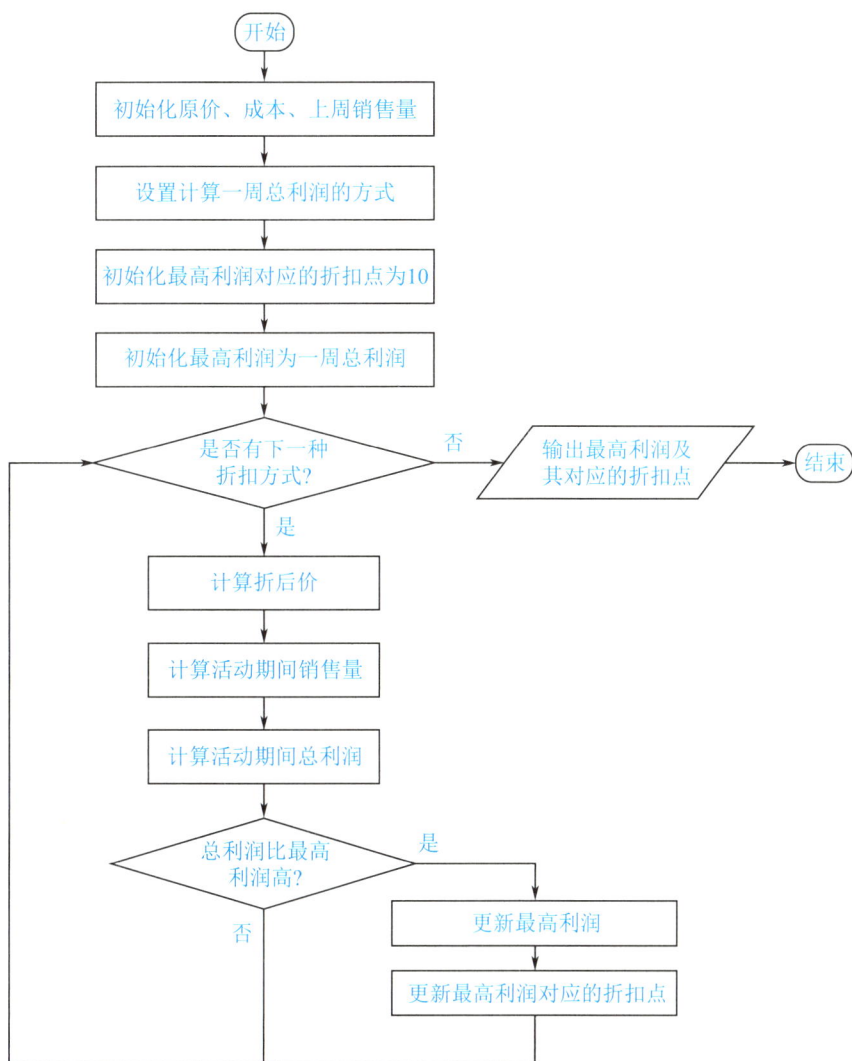

图 5-27　算法设计流程图

可以看出，计算每种打折情况下的总利润的过程是一个循环结构，并且在每一次循环中，还嵌套了一个选择结构，用于判断是否需要更新最高利润及其对应的折扣。

接下来，就可以根据所设计的算法，编写程序来解决打折问题了，示例程序如下。

```
discount.py
01.price = 15
02.cost = 4.5
03.sellNum = 100

04.totalProfit = (price - cost) * sellNum

05.discOfBigProfit = 10
06.bigProfit = totalProfit

07.for discount in range(5,10):
08.    newPrice = price * discount * 0.1
09.    newSellNum = sellNum * (1 + 0.2 * (price - newPrice))
10.    newTotalProfit = (newPrice - cost) * newSellNum
```

```
11.    if newTotalProfit > bigProfit:
12.        bigProfit = newTotalProfit
13.        discOfBigProfit = discount
```

```
14.print('打'+ str(discOfBigProfit) + '折，预计利润最高：' + str(bigProfit) + '元。')
```

注：第 7 行，range(a,b)函数是 Python 的内置函数，将返回一个[a,b)左闭右开的整数序列，如 range(5,10)将返回数字序列 5,6,7,8,9。在 for 语句的遍历中，循环变量 discount 将依次被赋值为 5,6,7,8,9。这样，就能通过 for 语句遍历每种折扣，并计算和比较该折扣方式下的总利润了。

运行结果：

打8折，预计利润最高：1200.0元。

4. 反思与迁移

在打折问题中，商品只有 1 项，但如果商店有多个商品，每种商品的成本和原价都各不相同，如何计算在不同打折情况下，所有商品的总利润呢？假设：商店有 4 种商品，每种商品的成本、原价，以及上周销售量见表 5-11，请设计算法编写程序计算出商店上周营业的总利润。

表 5-11　商品情况表

商　　品	成本（元）	原价（元）	上周销售量（个）
商品 1	4.5	15	100
商品 2	8	20	120
商品 3	8.5	20	150
商品 4	9	22	120

最简单的办法，我们可以依次计算出 4 种商品的利润，然后将 4 种商品的利润相加。如下所示：

```
calProfit.py
01.price1 = 15
02.price2 = 20
03.price3 = 20
04.price4 = 22

05.cost1 = 4.5
06.cost2 = 8
07.cost3 = 8.5
08.cost4 = 9

09.sellNum1 = 100
10.sellNum2 = 120
11.sellNum3 = 150
12.sellNum4 = 120

13.totalProfit1 = (price1 - cost1) * sellNum1
14.totalProfit2 = (price2 - cost2) * sellNum2
```

```
15.totalProfit3 = (price3 - cost3) * sellNum3
16.totalProfit4 = (price4 - cost4) * sellNum4
17.totalProfit = totalProfit1 + totalProfit2 + totalProfit3 + totalProfit4

18.print('上一周总利润为：' + str(totalProfit))
```

可以看出，这种方法虽然比较直观，但是当商品数量更多时，代码会很长，不利于进行程序的编写和维护。因此，不妨将每种商品的各项信息都存储在列表里，使信息的表达和处理都更加方便。示例程序如下：

```
calProfit.py
01.prices = [15, 20, 20, 22]
02.costs = [4.5, 8, 8.5, 9]
03.sellNums = [100, 120, 150, 120]

04.totalProfit = 0
05.for i in range(4):
06.    oneProfit = (prices[i] - costs[i]) * sellNums[i]
07.    totalProfit = totalProfit + oneProfit

08.print('上一周总利润为：' + str(totalProfit))
```

注：在第 5 行中，range(4)是 range(0,4)的简写，将返回一个长度为 4 的整数序列 0、1、2、3。第 5~7 行，将循环 4 次，在每次循环中，用 oneProfit 变量存储单个商品的利润，并将单个商品的利润叠加到总利润中（见第 7 行）。这样，当循环结束时，totalProfit 变量的值就是所有商品的总利润。

> 说一说
>
> 在程序调试运行过程中，如何体现锲而不舍、精益求精的工匠精神？

5.2.3　了解典型算法

在解决了打折问题后，小华对程序设计的兴趣又增加了，同时他还产生了一个新的想法：程序设计是将解决问题的方案用程序设计语言表示出来，而这个方案就是用计算机解决该问题的一个"算法"。一个问题可以用多个不同的算法来解决，一个算法也可以解决多个具有相似特点的问题。如果能够将一些经典问题的解决方案总结出来，那么在解决其他类似问题的时候，我们就可以直接采用已有的解决方案了。堂兄听了小华的想法，对他竖起了拇指，笑着说："小华，看来你已经理解算法的本质了！"

算法是程序设计的"灵魂"，对于一些经典问题，人们提出了很多解决办法，并总结成经典的算法，如枚举算法、二分查找法、排序算法、递归算法、回溯算法等。在本节，我们将了解两种典型的算法——枚举算法和二分查找法。

1．枚举算法

在解决打折问题的时候，我们实际上对每种打折方式进行了遍历，即计算了每种打折方式下的总利润，并判断该利润是否是最高利润。像这样将所有可能的情况遍历的方法，就是枚举，枚举算法是解决问题的一种典型算法，举例如下。

【例 1】要将 100 元兑换成 10 元或者 5 元的币值，共有哪些兑换方式？

【例 2】一个两位数密码，每一位数可以取 0～9 的任意数字，如何找到真正的密码？

【例 3】田忌赛马问题中，让三个不同等级的马以什么顺序出场有可能获胜？

【例 4】到达目的地有多条路径，哪条路径用时最短？

……

适用情况：研究对象可数且有范围，最优解可从该范围中逐一列举检验得到。

枚举算法的基本结构：确定范围—列举—检验。

2．二分查找法

二分查找法也称折半查找，通常用于从一组有序数据中查找目标数据，利用二分查找法可以提高查找的效率。二分查找法的基本思路和玩猜数游戏的思路类似：假设要猜测的数字是 0～100 的一个数，最好的办法就是从 0～100 的中间数 50 开始猜，若目标数字小于 50，就猜 0～50 中间的数字 25；若目标数字大于 50，就猜 50～100 中间的数字 75；若目标数字刚好是 50，结束猜数。重复此过程，不断缩小目标数字的范围，直到猜出正确的数字。猜数游戏示意图如图 5-28 所示。

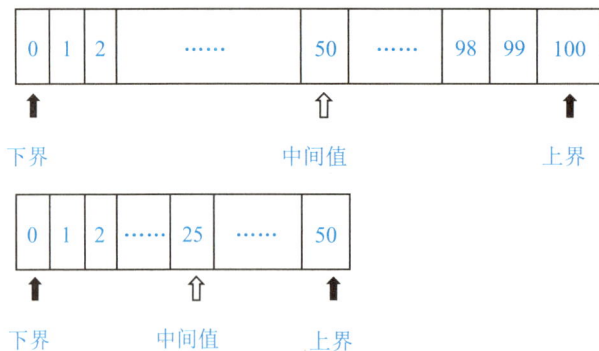

图 5-28　猜数游戏示意图

二分查找法的基本思路与此类似，用流程图表示该算法，如图 5-29 所示。

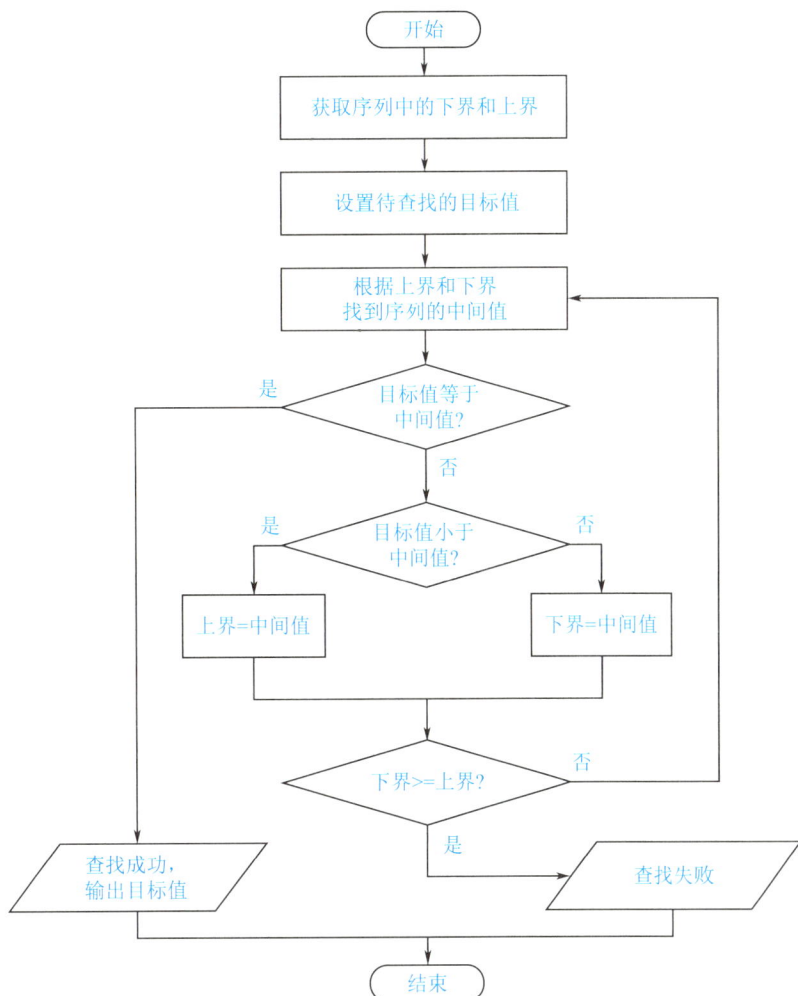

图 5-29 **二分查找法流程图**

💬 **说一说**

枚举法在生活中的运用。

5.2.4 使用功能库扩展程序功能

学习了程序设计之后，小华虽然能够设计一些简单的程序，但是他发现如果想要实现一些更复杂的功能，就不知道应该怎么办了，这让小华感到一丝愁闷。堂兄知道后，让小华不要气馁，要想设计出一些更复杂的程序，也不是每一个功能都必须要自己来设计程序实现的。事实上，Python 的设计者已经为我们设计了很多功能模块，如 random 模块可以实现随机数相关的功能。除此之外，对于一些更复杂的功能，如数据分析、图形绘制、人工智能等，世界上也已经有很多程序员为实现这些功能设计了相应的程序功能模块，称为第三方功能库，我们可以将别人已经设计好的第三方功能库导入到自己的程序中来实现相应的功能。

在 5.2.1 节中已经学习通过 Python 的内置模块 random，实现了获取随机数的功能，在本节将学习使用 Python 的第三方功能库，来扩展程序的功能。

1. 拓展任务描述

请设计程序，让用户输入商店一周中每一天的销售量，并绘制柱状图分析商店一周内的销售情况。

2. 问题分析和算法设计

通过 input() 函数可以获取用户的输入，对于一周七天的输入，可以通过 for 语句实现七天销售量的连续输入。

而要绘制一周销售量的柱状图，可以通过 Python 的第三方功能库 matplotlib（2D 绘图功能库，非常适合绘图）来实现，周一到周日作为柱状图的横轴数据，每天的销售量作为柱状图的纵轴数据。

3. 借助 AI 大模型工具辅助编程

随着 AI 大模型技术的不断发展，如今生成式人工智能已经能够实现代码生成、代码修改、代码优化等功能。当我们遇到一个可以用计算机程序设计来解决的问题时，也可以尝试用 AI 大模型工具来辅助编程，提高我们的工作效率。

例如，我们打开 DeepSeek 深度求索大模型工具，在对话框中输入我们的任务需求，并且告诉 AI 编写一段 Python 代码来实现这一功能。发送需求之后，AI 就会根据我们的需求生成相应的代码，如图 5-30 所示。

Python绘制商店一周销售柱状图

请编写Python代码，让用户输入商店一周中每天的销售量，并绘制柱状图分析商店一周内的销售情况。

✦ **商店一周销售分析柱状图**

以下是一个完整的Python代码，可以让用户输入商店一周中每天的销售量，并使用matplotlib绘制柱状图进行分析：

```python
import matplotlib.pyplot as plt

def get_sales_data():
    """获取用户输入的一周销售数据"""
    days = ['周一', '周二', '周三', '周四', '周五', '周六', '周日']
    sales = []
```

给 DeepSeek 发送消息

深度思考 (R1)   联网搜索

内容由 AI 生成，请仔细甄别

图 5-30　使用 AI 大模型工具生成代码

从 AI 给出的代码中可以看到，实现绘图功能需要用到 Python 的第三方功能库 matplotlib，需要先安装这个库才能运行代码。关于如何安装 Python 的第三方库，可以查阅下一小节的内容。

完成第三方库的安装之后，将 AI 生成的代码复制粘贴到 IDLE 编辑器中，保存代码并运行，逐个输入每一天的销售量，将绘制出如图 5-31 所示的柱状图。

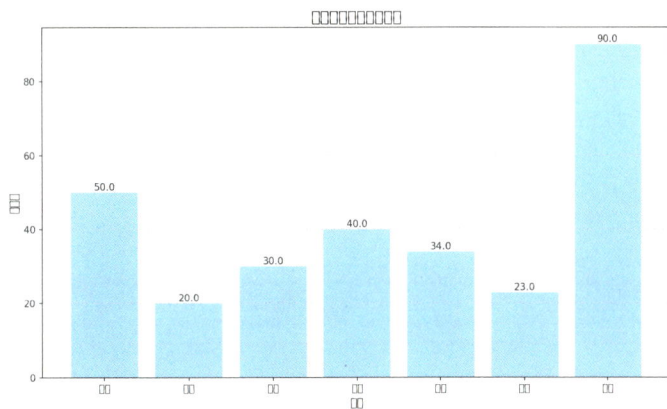

图 5-31　AI 第一次生成的代码绘制出的柱状图

于是可以发现，AI 第一次生成的代码绘制出的柱状图并不能显示出中文字符。为了更直观地看到销售情况，我们可以继续向 AI 追问，让它修改代码，如图 5-32 所示。使绘制出的柱状图能够显示中文。

图 5-32　向 AI 追问，修改代码，以支持中文显示

将 AI 修改后的代码重新复制粘贴到 IDLE 编辑器中，保存并运行代码。当我们再次输入每一天的销售量时得到的柱状图就能够显示出中文字符了，如图 5-33 所示。

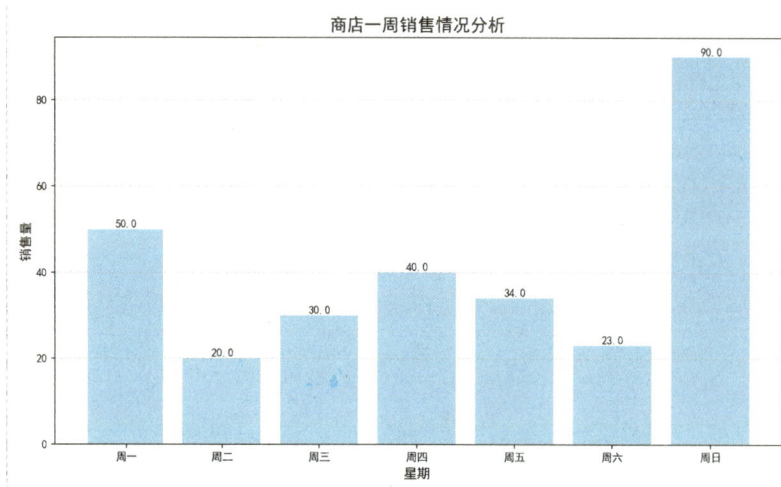

图 5-33　AI 第二次生成的代码绘制出的柱状图

从刚刚的代码生成过程可以看出，AI 大模型工具可以成为我们编写程序解决问题的好帮手。当然，AI 可能也会犯错，利用 AI 辅助编程也需要我们具备程序的基础知识。只有具备程序的基础知识，我们才能看懂 AI 给出的代码，进而分析判断它给出的代码是否正确以及如何用。当我们在编程中遇到 bug 时，也可以让 AI 进行修改和纠错。

在人工智能时代，AI 已然成为我们的得力助手，它可以辅助编程，帮助我们突破技术瓶颈，激发创造力。而作为人类，我们更需要具备监督、判断、修改、应用和创新的能力。

4．matplotlib 第三方功能库的安装和使用

（1）安装第三方功能库。

第三方功能库和内置模块不同，需要通过 pip 命令联网下载安装。搜索"cmd"，打开"命令提示符"窗口，如图 5-34 所示。

接下来，将路径定位到 Python 文件夹下的 Scripts 文件夹下，例如，若 Python 安装在 E 盘下的"software"文件夹下，则首先在 cmd 命令窗口中将路径定位到"E:\software\Python3\ Scripts"。接着，输入 pip 安装命令"pip install 库名"，按回车键后即可开始进行第三方功能库的下载并安装，直到提示"Successfully installed matplotlib-3.4.2"，表示安装成功。如图 5-35 所示。

（2）使用 matplotlib 第三方功能库绘制柱状图。

Python 第三方功能库的使用和内置模块一样，需要先将其导入程序中。通常，习惯在导入 matplotlib 功能库时为其取别名为 mpl。另外，matplotlib 库中包含多个子库用于不同的图形绘制，其中的 pyplot 子库是用于绘制柱状图的功能库，通常习惯为 pyplot 取别名为 plt。

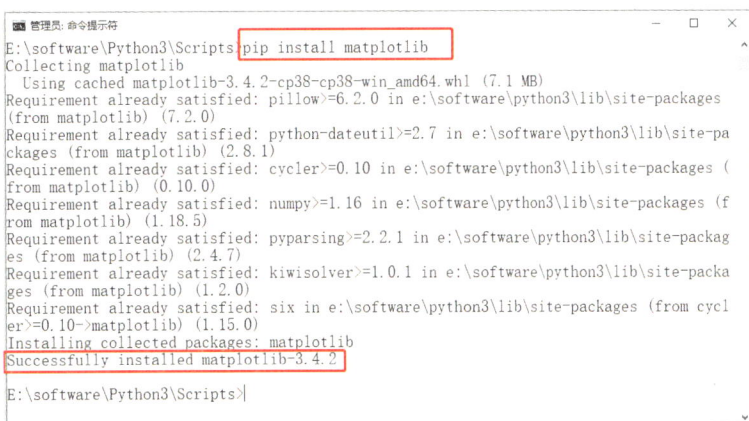

图 5-34　打开"命令提示符"窗口　　　　图 5-35　"命令提示符"窗口

在绘制柱状图时，只需调用 pyplot 功能库中的 bar()函数，并传入两个列表参数，分别作为柱状图的横轴和纵轴数据。例如，周一到周日的销售量分别为 20、30、40、30、20、60、69，下面设计程序绘制这周的销售量柱状图。

```
weekSell.py
01.import matplotlib as mpl
02.import matplotlib.pyplot as plt

03.mpl.rcParams['font.sans-serif']=['SimHei']  #用于正常显示中文标签

04.daySellNums = [20, 30, 40, 30, 20, 60, 69]
05.dayNames = ["周一", "周二", "周三", "周四", "周五", "周六", "周日"]

06.#绘制柱状图
07.fig=plt.figure()  #创建一个画布
08.plt.title("一周销售量")  #设置柱状图的标题
09.plt.bar(dayNames, daySellNums)
10.plt.show() #让图形显示出来
```

> 导入 matplotlib 功能库及其 pyplot 子库，并分别取别名为 mpl 和 plt。

> 利用 bar()函数绘制横轴数据为 dayNames，纵轴数据为 daySellNums 的柱状图。

绘制出的销售量柱状图如图 5-36 所示。

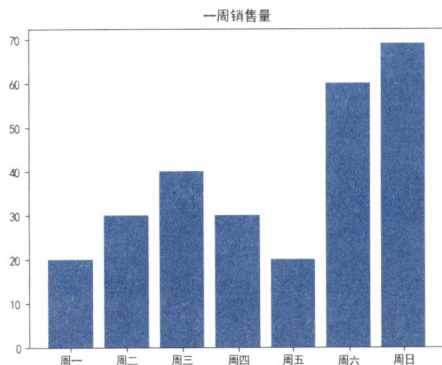

图 5-36　销售量柱状图

　　若需要由用户来输入每天的销售量，则初始化 daySellNums 列表为一个空列表，然后在 for 语句中获取用户输入的销售量，并将每天的销售量添加到 daySellNums 列表中，最后再利用 matplotlib 功能库绘制柱状图即可。

```
weekSell.py

01.import matplotlib as mpl
02.import matplotlib.pyplot as plt

03.mpl.rcParams['font.sans-serif']=['SimHei'] #用来正常显示中文标签

04.daySellNums = []
05.dayNames = ["周一", "周二", "周三", "周四", "周五", "周六", "周日"]

06.for day in dayNames:
07.    daySellNum = int(input("请输入" + day + "销售量："))
08.    daySellNums.append(daySellNum)

09.#绘制柱状图
10.fig=plt.figure()
11.plt.title("一周销售量")
12.plt.bar(dayNames, daySellNums)
13.plt.show()
```

> 循环获取用户输入的销售量，并将每天的销售量添加到 daySellNums 列表中。

　　Python 的一大特点是具有丰富的功能库，从上面的例子中可以感受到，利用功能库可以实现很多复杂的功能。所以，当我们需要实现一些复杂的功能时，可以先了解是否已经有相关的功能库能够实现该功能，这样将大大提高编程效率。而学会检索和学习功能库的使用方法，是利用功能库解决问题的关键。

说一说

　　结合程序功能库的调用，谈一谈成语"他山之石，可以攻玉"蕴含的编程思想。

考 核 评 价

序　号	考 核 内 容	完 全 掌 握	基 本 了 解	继 续 努 力
1	了解程序设计基础知识，理解运用程序设计解决问题的逻辑思维理念；了解常见主流程序设计语言的种类和特点；培养基于程序设计理念的逻辑思维习惯，多学习多实践，勇于尝试，养成不畏困难、持之以恒的职业精神			
2	了解一门程序设计语言的基础知识；会使用相应的程序设计工具编辑、运行及调试简单的程序；了解典型算法，会使用功能库扩展程序功能，解决信息处理的具体问题；具有程序设计者需要的专注、精益求精、创新、协作等品质			
收获与反思	通过学习，我的收获： 通过学习，发现的不足： 我还需要努力的地方：			

本 章 习 题

一、选择题

1. 如果 a=5，b='3'，以下变量运算正确的是_____。

    A. '6'+a   B. a+int(b)   C. a+b   D. 2+b

2. Python 中，a=b 的含义是_____。

    A. 把 a 的值赋给 b   B. 把 b 的值赋给 a

    C. a 等于 b   D. 交换 a 和 b 的值

3. 下列函数不是 Python 内置函数的是_____。

    A. input()   B. print()   C. str()   D. number()

4. print(35-10)输出的结果是_____。

    A. 35-10   B. 35   C. 10   D. 25

5. 下列运算判断为 False 的是_____。

    A. 2+1>=3   B. 10.0==10

    C. 3!='3'   D. 20>10 and 20>30

6. 下面哪项不是 Python 的关键字？_____

    A. while   B. elif   C. abc   D. def

7. 观察下列程序，将程序运行次数写在下方横线上。

```
for i in range(100):
    print(i)
```

（1）运行次数：_____。

    A. 1   B. 99   C. 100   D. 101

```
for i in range(1,100):
    print(i)
```

（2）运行次数：_____。

    A. 1   B. 99   C. 100   D. 101

```
for fruit in ['apple','banana','pear','grape']:
    print(fruit)
```

（3）运行次数：_____。

    A. 4   B. 3   C. 2   D. 1

8. 运行下方代码段，依次输入 3、9、12、8、6、-1，则输出的结果是_____。（提示：第 5 行的 break 语句将使程序结束循环，继续执行后面的语句）

```
01.result = 0
```

```
02.while True:
03.    number = int(input())
04.    if number == -1:
05.        break
06.    else:
07.        if number % 2 == 0:
08.            result = result + number
09.print(result)
```

  A．38　　　　　　　B．26　　　　　　　C．12　　　　　　　D．−1

9．观察下列程序代码，将输出值写在后面的横线上。

```
01.s=[32,56,43,78,85,27]
02.def comp(a,b):
03.    if a>b:
04.        print('a比b大')
05.    else:
06.        print('b比a大')
07.comp(s[1],s[4])        #（1）输出值为：_____
08.comp(s[3],s[2])        #（2）输出值为：_____
```

  A．a 比 b 大　　　B．b 比 a 大　　　C．a 等于 b　　　D．没有输出

二、判断题

1．在 Python 中使用成对的三个英文引号"'''"是不可以的。　　　　　（　　）

2．字符串"2.5"可以通过 int()函数转换为整数 2。　　　　　　　　　（　　）

3．if 是 Python 的关键字。　　　　　　　　　　　　　　　　　　（　　）

4．Python 缩进不规范程序将不能运行。　　　　　　　　　　　　　（　　）

5．变量命名要避开 Python 关键字或函数名。　　　　　　　　　　　（　　）

6．通过 input()函数输入数字，返回的仍然是字符串。　　　　　　　（　　）

7．Python IDLE 的 Shell 面板中不可以运行 Python 代码。　　　　　（　　）

8．Python 代码 a==12，表示将数字 12 赋给变量 a。　　　　　　　　（　　）

9．使用 random 模块之前需要通过 import random 导入模块。　　　　（　　）

10．matplotlib 功能库是用来进行绘图的第三方功能库，需先下载安装。（　　）

三、操作题

1．有 3 个变量 a=1、b=2、c=3，编写程序交换变量的值，将 b 的值给 a，c 的值给 b，a 的值给 c。

2．编写一个函数，实现输入摄氏温度数，输出华氏温度数的功能。（提示：华氏温度=摄

氏温度×9÷5+32，华氏温度的单位符号为℉）

3．编写程序，让用户输入三个人的身高，判断并输出三个人中谁最高。

4．要实现这样的功能：输入5个正整数，判断输入的各数是否为质数（该数除了1和它本身，不再有别的因数）。请分别用自然语言和流程图来描述本题的算法，并编程实现。

第6章 数字媒体技术应用

数字媒体技术是融合了数字信息处理技术、计算机技术、数字通信和网络技术等多种技术的一门交叉学科。随着全球信息网络一体化应用的快速发展，数字媒体技术已经成为最热门的研究、应用领域之一。数字媒体也因内容丰富、传播效率高而越来越受大众欢迎，一些国家和地区纷纷制定支持数字媒体技术发展的相关政策和发展规划。

应用场景

场景 01

"北京 8 分钟"

作为 2008 年夏季奥运会和 2022 年冬季奥运会的举办城市，北京成为世界上首座"双奥之城"，这对于中国和现代奥林匹克运动都具有十分重要的意义。为了欢迎全世界的运动员和各国友人参加 2022 年北京冬奥会，在 2018 年冬奥会闭幕式上，北京冬奥组委会特别设计了展示中国文化的表演——"北京 8 分钟"，美轮美奂的表演惊艳世界，如图 6-1 所示。

在轮滑少年和机器人的默契配合下，冰雪运动的线条图案在舞台上徐徐展现，立体演绎冰球、冰壶等冬季体育项目。24 名演员手持光影冰球杆，将投射出来的虚拟冰球击穿透明屏幕，溅起无数冰花，随后冰壶与透明屏幕碰撞，产生覆盖全场的炫目光环。

在《歌唱祖国》的音乐声中，现场编织出长城、五彩祥龙、凤凰展翅等中国标志性元素图案，同时在冰屏上出现鸟巢、国家大剧院、中国高铁等中国新时代符号。

随着 24 面冰屏合成一个圆，冰屏上出现世界各地孩子们的笑脸，奥运五环图案展现在舞台中央，过去 23 届冬奥会的场景依次闪过。

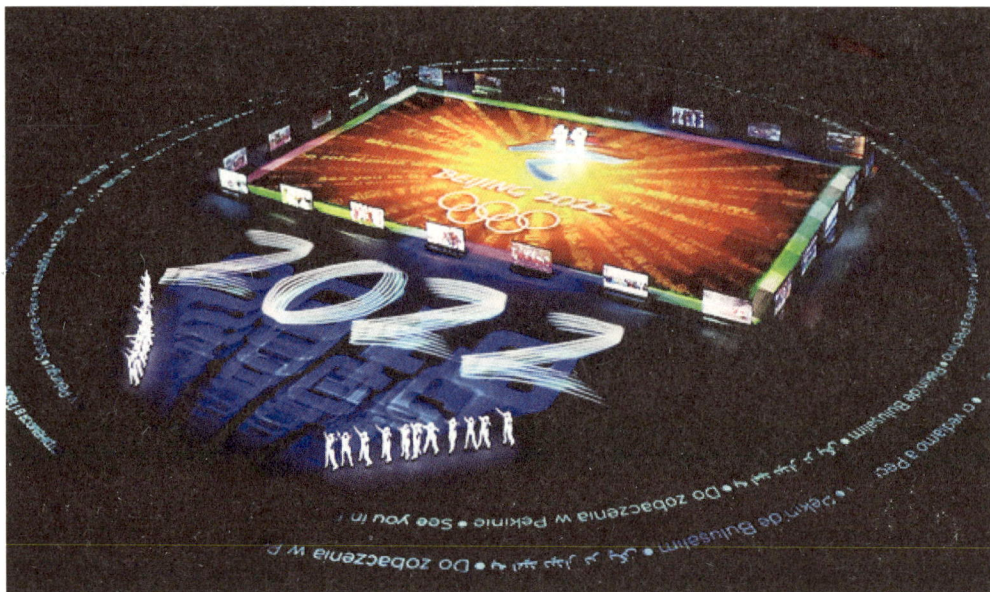

图 6-1　"北京 8 分钟"现场效果

场景 02　数字人

融合发展关键在融为一体、合而为一。从全球范围看，媒体智能化已进入快速发展阶段。数字人作为人工智能与前沿技术融合的创新成果，正在成为媒体行业的重要发展趋势。通过高仿真建模、实时渲染、AI 驱动等技术，数字人不仅可以模拟人类的外貌和行为，还能实现情感表达、多场景交互以及虚拟与现实的深度融合。

"我是小诤，全球首位数字航天员。我能带着你的向往，自由探索宇宙空间，见证属于中国人自己的太空故事。"2021 年，由新华社与腾讯公司联合打造的数字记者小诤在神舟十二号任务期间首次亮相，如图 6-2 所示。作为全球首个数字航天员和数字记者，小诤整合了电影级 CG 建模（毛孔级精度）、AI 行为驱动等前沿技术，其动作系统采用"预设骨骼+AI 实时生成"双驱动模式，实现了高精度的表情和动作控制。

小诤的技术突破在 2022 年北京冬奥会期间得到进一步验证。作为数字人技术应用于体育报道的典型案例，她展示了快速反应能力和智能化数据分析能力。通过 AI 驱动的语音合成、表情生成和动作捕捉，小诤能够快速生成高质量的新闻内容，同时在虚拟场景中与用户进行实时交互。这种技术不仅提升了媒体内容的生产效率，还为未来互联网的三维形式呈现提供了重要探索，为人类在数字世界中的交流与表达开辟了新的可能性。

图 6-2　新华社数字记者，全球首位数字航天员"小诤"

场景 03　虚拟仿真实验教学平台

数字皮影动画虚拟实验系统由同济大学艺术与传媒学院动画专业和媒体实验与实践教学中心联合开发，实验系统界面如图 6-3 所示。该系统通过从理论到实践的学习流程与高沉浸感的交互形式，引导学生循序渐进地完成数字皮影动画虚拟实验：一方面加深学生对传统皮影美术风格与动作表演的理解，另一方面降低学生创作中国传统美术风格动画的成本，使其更高效地将中国传统文化的价值内化为艺术创作能力。

图 6-3　数字皮影动画虚拟实验系统界面

任务1　获取数字媒体素材

数字媒体技术是指通过计算机和通信技术，将文字、图形、图像、动画、声音和视频等信息素材经过数字化采集、编辑、存储及加工处理后，以单独或合成方式表现出来，使抽象的信息变为可感知、可管理和可交互的一体化技术。获取数字媒体素材是制作形式复杂、视觉冲击力强的数字媒体作品的基础。获取数字媒体素材思维导图如图6-4所示。

图6-4　获取数字媒体素材思维导图

◆　**任务情景**

除夕夜收看中央电视台春节联欢晚会已然成为中国人过年的一项重要传统。在2025年央视春晚的节目《栋梁》中，虚拟舞台的动态交互效果给小华留下了深刻印象。节目通过数字媒体技术将传统中国建筑与现代科技完美融合，为观众呈上震撼的视觉盛宴。小华意识到，数字媒体技术不仅能赋予艺术更强的表现力，还能显著提升内容的传播力。

开学后，班主任宣布学校即将开展"低碳生活，青春行动"宣传活动，要求各班提交有创新性的方案。小华联想到此前观看的春晚节目，认为传统海报的宣传效果有限，而融合数字媒体技术的宣传片更具吸引力和传播力。于是，他提出制作环保宣传片的建议。这一方案凭借互动性强、传播范围广的特点被班级采纳，班主任决定由小华牵头完成。

小华对数字媒体技术产生了浓厚兴趣。他查阅资料了解到，制作精美的视频需历经素材采集、剪辑合成、特效添加等多个环节。他明白，掌握这些技术不仅能将自己的创意变为现实，还能为环保宣传活动贡献力量。小华满怀信心，决定开启学习数字媒体技术的征程，踏上探索与实践之路。

◆　**任务分析**

小华清楚地认识到，自己对数字媒体的兴趣源于观看相关技术作品和查阅文字资料。然而，要学会制作完整的数字媒体作品，还有很长的路要走。他明白，制作出精美的作品并非一朝一夕之功，但他不会因此而气馁。

小华拿定主意，先从了解数字媒体技术入手，全面熟悉相关技术；接着深入认识数字媒文件格式，以便能精准选择适用的格式；最后，尝试获取音视频素材，若获取的素材格式不符合要求，再进行必要的格式转换。

6.1.1　了解数字媒体技术及应用

小华查阅资料发现，2025 年中央电视台春节联欢晚会运用了"XR+数字孪生+VP"、8K 制播、AI 跟踪、AI 视觉追踪系统等前沿技术，营造出极为逼真且可无限延展的虚拟舞台空间。这使得真人舞者能够与数字分身实现跨屏互动，在不同场景中自如"穿越"表演，让观众通过节目呈现的视觉变化，真切感受到文化艺术与技术融合的独特魅力。

数字媒体技术是一项应用广泛的综合技术，主要研究图、声、像等数字媒体的获取、加工、传递、存储和再现。它具备数字化、交互性、趣味性、集成性和艺术性等特点。了解数字媒体技术是学习制作数字媒体作品的基础。只有充分掌握数字媒体技术的发展过程和应用，才能激发深入探索数字媒体技术全新世界的兴趣，感悟数字媒体带来的艺术震撼，进而能以独特视角理解数字媒体的奇妙世界。

1. 了解数字媒体技术

（1）媒体的概念。

媒体也被称为媒介或媒质。在计算机网络应用环境中，媒体有 3 个方面的含义，见表 6-1。

表 6-1　媒体的含义

内　容	实　例	作　用
存储信息的实体	纸张、磁盘、光盘、半导体存储器等	存储信息
信息表示和传递的载体	文字、图像、图形（时间离散，静态媒体）	展示信息
	声音、动画、视频（时间连续，动态媒体）	
媒体管理与运营机构	新闻、出版、广播、电影、电视、互联网等	运营

（2）数字媒体的概念。

数字媒体是以二进制数字的形式记录、处理、传播、获取的信息媒体。这些信息媒体包括数字化的文字、声音、图像、视频和动画等逻辑媒体，或是以数字形式对各类媒体信息进行采集、编辑、分类、传播、存储的物理媒体。数字媒体不同于传统媒体，数字媒体是将数字化的内容作品以现代网络为主要传播载体，通过完善的服务体系分发到终端供用户消费，是连接用户和内容的重要桥梁。

（3）数字媒体技术。

数字媒体技术是一项应用广泛的综合技术，它是将多媒体信息通过计算机数字化采集、编码、存储、传输、处理和再现，使数字化信息建立逻辑连接，并集成为具有交互性的系统。数字媒体涉及的技术范围广、技术新，是多种学科和多种技术交叉的领域。数字媒体主要技术见表6-2。

表6-2　数字媒体主要技术

技　术	内　容
数字媒体表示与操作	数字声音及处理、数字图像及处理、数字视频及处理、数字动画技术等
数字媒体压缩	通用压缩编码、专用压缩码（声音、图像、视频）等技术
数字媒体存储与管理	光盘存储（CD技术、DVD技术等）、媒体数据管理、数字媒体版权保护等
数字媒体传输	流媒体技术、P2P技术等

2．了解数字媒体技术的研究领域

数字媒体技术的主要研究领域包括核心关键技术、关联支持技术和扩展应用技术。

（1）核心关键技术。

① 数字媒体压缩技术。媒体信息的数据量通常非常庞大，特别是视频数据，如果直接进行传输或存储，需要占用非常大的带宽和存储空间。因此，需要对视频信息进行压缩编码，也需要对图像/视频内容进行分析、识别等。

② 数字媒体存储与管理技术。由于数字媒体种类、数量的不断增长，对海量数字媒体数据的管理也成为挑战，在媒体资源的存储、检索、内容挖掘等多个环节，需要构建合理的多媒体数据库。数字媒体资源（如数字图书、数字音视频等）在互联网广泛传播，版权问题引起了人们高度关注。通过技术手段对媒体内容进行加密或防伪处理，是解决版权问题的关键技术之一。

③ 数字媒体传输技术。数字媒体传输主要通过网络进行。早期是先将文件全部内容下载到本地计算机中，再利用相应的解码软件打开。随着网络技术的发展，目前可以利用网络流媒体技术，实现边下载、边播放。随着5G技术的发展，带宽越来越大，用户通过智能设备就能实现多媒体信息的传输。

（2）关联支持技术。

① 媒体信息的获取与输出技术。高质量、高效率地获取媒体信息是人们关注的焦点之一，从20世纪90年代末的几百万像素到现在的4K、8K超高清视频，画面质量的提升为人们带来了极大的视觉享受，同时促进了媒体采集设备和技术的升级换代。超高清大屏幕显示技术的发展推动了三维显示技术与设备的巨大进步。

② 媒体存储技术。图像分辨率的提高，使存储空间成倍增长，虽然计算机硬盘、智能设备的内存空间也不断增加，但是对于超高清图像和视频的存储还是显得力不从心。为了保证海量媒体数据能够获得及时有效的存储，基于分布式的存储和将文件存储虚拟化的云存储技术正在数字媒体行业被广泛应用。

（3）扩展应用技术。

① 计算机图形技术。该技术是利用计算机技术和数学建模工具绘制各种图形。

② 计算机动画技术。动画是利用人的视觉残留特性，在计算机图形技术的基础上，将一系列的图形按照一定的规律连续显示而形成动态效果的技术。

③ 虚拟现实技术。虚拟现实也称虚拟环境，是利用计算机技术生成一个逼真的三维模拟世界，涵盖视觉、听觉、触觉等感官体验，让用户利用设备对生成的模拟世界进行浏览和交互，从而产生身临其境的感觉。

3. 了解数字媒体技术的特点

（1）数字化。

与传统媒体技术相比，数字媒体技术显著的特点之一就是数字化。所谓数字化，是指所有的媒体信息都以二进制形式存储在计算机中，处理和传播的也都是数字化信息，保证了所有媒体信息能快速制作、实时传播、重复使用，以及不同媒体之间能相互混合。

（2）多样性。

数字媒体涉及文字、图形、图像、声音、视频、动画等多种媒体信息，数字媒体技术需要对这些信息进行综合处理并扩展应用。

（3）集成性。

数字媒体技术不仅仅是将文字、图形、图像、声音、视频、动画等多媒体信息进行集成，还需要将多种技术及相关硬件设备进行集成。例如，一个虚拟现实的应用不仅有声音、视频等内容，还有相应的计算机展示技术及各种头戴式设备等。

（4）交互性。

数字媒体技术能够为用户提供有效控制和使用信息的交互手段，从而增加用户对信息的注意力和理解力。现代教育教学引入了数字媒体教学方式，如在线观看视频过程中出现的弹幕互动、实时评分等功能，都是很好的交互性应用。

（5）实时性。

数字媒体技术以网络为主要传播载体，具有媒体传输实时性的特点。例如，基于网络传输的媒体新闻发布、视频会议、远程医疗诊断等应用都是实时传输，在任何时间和地点，只要能够连接互联网就能确保第一时间获取信息。

（6）趣味性。

数字媒体技术为人们提供了数字游戏、数字视频、数字电视等多种娱乐形式，给人们的日常生活增加了无限的趣味，也扩大了娱乐活动的选择性。

（7）艺术性。

数字媒体技术的艺术性是指利用技术手段将艺术作品展现出来，本质是以数字技术为创作语言，在"比特世界"中重构艺术的产生、传播与体验范式，在信息技术与人文艺术领域之间架起了一座无形的桥梁，如 2008 年北京奥运会开幕式的巨幅"卷轴"画册、2010 年上海世博会中国馆的动画版"清明上河图"、2023 年杭州亚运会开幕式上的"数字火炬手"等。

（8）主动性。

数字媒体的多样化表现使广大受众能够主动参与、修改、编辑各种媒体文件，并能自行发布自媒体信息、微信朋友圈信息等。

（9）交叉性。

数字媒体技术涉及多个学科领域的交叉融合，如计算机软硬件技术、图形图像处理技术、计算机视觉技术、视频分析技术、人工智能技术等。

4. 了解数字媒体技术的应用现状

基于数字媒体技术所具有的特点，数字媒体技术在许多领域得到广泛应用。

在政府层面，数字媒体技术涉及智慧公共服务、智慧城市管理、智慧安居服务、智慧安全防控系统等多个环节。安全智能中心如图 6-5 所示。

在教育培训领域，多媒体影像教学已经广泛应用于学校的课堂，打破了传统课堂中教师、黑板、粉笔的教学模式。

在电子商务领域，网络电子商城实现了网络浏览、购买、下单，线下送货、收货的综合服务流程，降低了商家的营销成本，满足了人们的生活需求，已成为一种常见的购物形式。

在信息传播领域，任何组织机构或个人都可以成为信息发布的主体。不管是论坛、博客还是视频平台，普通人都可以随时上传自己的文字、图片或视频，还能和其他人即时互动。微信、QQ等 App 被人们频繁使用，除了沟通交流，其附加功能也成为人们生活中不可缺少的组成部分。

娱乐网站、计算机游戏、影视点播给人们的生活提供了新的娱乐空间；机器人、无人机、无人驾驶汽车等新兴领域方兴未艾，也给人们的未来生活带来无尽遐想；VR 技术更是实现了人类通过电子设备进入"虚拟世界"的梦想。VR 技术的使用如图 6-6 所示。

图 6-5　安全智能中心

图 6-6　VR 技术的使用

5. 了解媒体信息的采集、压缩和编码

（1）信息采集。

信息采集主要指将外部模拟世界的各种模拟量，通过各种传感器等元件进行转换后，再经信号调制、采样、编码、传输等操作，最后送到控制器进行信息处理或存储的操作。

（2）压缩和编码。

数字媒体包括文字、图形、图像、声音、视频及动画等多媒体信息，具有数据量大、管理与存储困难等特点。通过数据压缩的方法，可以有效降低存储和传输的数据量，解决数字媒体数据存储、交换和传输困难的问题。

多媒体数据压缩方法也称为数据压缩编码方法，自 1937 年提出脉冲编码调制（PCM）理论以来，压缩编码方法的研究进展迅猛，目前，数据压缩技术已经比较成熟，适合各种应用场合的编码方法层出不穷。数据压缩编码方法的分类及技术特点见表 6-3。

表 6-3　数据压缩编码方法的分类及技术特点

分　　类		技　术　特　点
按信息量有无损失	可逆编码（无损压缩）	减少数据中的冗余，不损失任何信息，解压时可完全恢复出原来的数据。常用于文本、数据压缩，压缩比较低
	不可逆编码（有损压缩）	利用了人对图或声波中的某些频率成分不敏感的特性，允许在压缩过程中减少信息，减少的内容不能再恢复。常用于语音、图像和视频数据的压缩，压缩比较高
按数据压缩编码原理和方法	预测编码	利用空间中相邻数据的相关性进行数据压缩，主要用于声音的编码
	变换编码	将空域图像信号映射变换到另一个正交矢量空间（变换域或频域），产生一批变换系数，然后对这些变换系数进行编码处理
	分析—合成编码	通过对源数据的分析，将其分解成一系列更适合于表示的"基元"或从中提取若干更具有本质意义的参数，仅对这些基本单元或特征参数进行编码，可以有极高的压缩比
	统计编码	根据信息码字出现概率的分布特征进行压缩编码，寻找概率与码字长度间的最优匹配
根据编码后产生的码字长度是否相等	定长编码	采用相同的位数对数据进行编码，适用于大多数存储数字信息的编码系统，最常用的是行程编码和 LZW 编码
	变长编码	采用不同的位数对数据进行编码，以节省存储空间，最常用的是赫夫曼编码和算术编码

💬 说一说

数字媒体技术在传播中国声音、讲好中国故事方面的优势。

6.1.2　认识数字媒体文件格式

随着数字媒体技术的发展，将文字、图像、声音、动画、视频等多种信息以数字化的方式进行传播，不仅能为受众提供良好的视听体验，也能满足人们生活、工作的正常需求。在计算

机和网络中，各种信息以文件的形式存储、传输和处理。

数字媒体凭借海量的传播内容、丰富多彩的表现形式深受人们喜爱，且在社会发展过程中发挥着越来越重要的作用。小华想全面了解数字媒体作品中包含的重要元素，必须先认识常用的数字媒体文件格式。只有全面了解数字媒体文件格式，才能灵活应用各种素材，制作出内容丰富的作品。

1. 认识文本文件格式

文本文件有许多文件格式，常用的文本文件格式见表 6-4。

表 6-4　常用的文本文件格式

格　式	扩　展　名	特　点	读　取　程　序
TXT 格式	.txt	体积小，存储简单方便	任何可以读取文字的软件都可读取和保存
RTF 格式	.rtf	通用性好，兼容性强，文件一般相对较大	大多数的文字处理软件都能读取和保存
DOC 和 DOCX 格式	.doc 或 .docx	占用空间小，DOCX 格式比 DOC 格式更小	Word、WPS 文字处理软件可读取和保存 DOC 格式文件；Word 2007 及之后的版本、WPS 版本均可读取和保存 DOCX 格式文件
WPS 格式	.wps	内存占用小，可以在多种操作系统和移动端运行	大多数的文字处理软件都能读取和保存
ODF 格式	.odf	具有开放性、可继承性特点	任意一款办公软件都可读取和保存
PDF 格式	.pdf	与应用程序、操作系统、硬件无关	PDF 阅读软件可读取和保存

2. 认识图形图像文件格式

图形图像文件的文件格式较多、差别较大，应根据需要有目的地选择。常见的图形图像文件格式见表 6-5。

表 6-5　常见的图形图像文件格式

格　式	扩　展　名	特　点	应　用
BMP 格式	.bmp	不压缩，占用磁盘空间过大	Windows 操作系统的标准图像文件
JPEG 格式	.jpg 或 .jpeg	有损压缩	互联网中常用的图像文件
TIFF 格式	.tif	保持原有图像的颜色，图像质量好	存储黑白图像、灰度图像和彩色图像
GIF 格式	.gif	压缩比较高，磁盘空间占用较少	支持 256 种色彩，存储单幅静止图像，可同时存储若干幅静止图像，进而表示成连续的动画
PNG 格式	.png	压缩比大于 GIF 格式图像，可提供 16 位灰度图像和 48 位真彩色图像	网络传输中的一种图像文件格式，该格式的一个图像文件只可存储一幅图像
PSD 格式	.psd	允许将不同图层分别存储，存储的文件较大，在保存时会进行文件压缩	Adobe Photoshop 图像处理软件的专用图像文件格式

3. 认识数字音频文件格式

（1）WAV。

WAV 格式是微软公司开发的一种声音文件格式，也是 Windows 操作系统中使用的标准数字音频文件，扩展名为.wav。该数字音频文件保存了经声卡采样和数字化后的数字音频数据，其音质与 CD 相差无几，但对存储空间要求较大，在实际使用中常常需要进行压缩。

（2）MP3。

MP3（Moving Picture Experts Group Audio Layer Ⅲ）格式是压缩后的数字音频文件，压缩率可达 1:12，扩展名为.mp3。MP3 格式最大的优势是以极小的声音失真换来较高的压缩比，因此 MP3 也成为目前非常流行的一种数字音频文件。

（3）MIDI。

MIDI（Musical Instrument Digital Interface）格式又称为乐器数字接口，是数字音乐和电子合成乐器的统一国际标准。

（4）WMA。

WMA（Windows Media Audio）格式是微软公司开发的一种音频压缩技术，主要用于音频文件的存储和在线传输，扩展名为.wma。WMA 在压缩比和音质方面都强于 MP3，其压缩率一般可以达到 1:18，适合网络在线播放。此外，WMA 格式具有很强的保护性，通过数字权限管理技术加入防复制，限制播放时间、播放机器及播放次数等方法，可防止盗版。

（5）CD。

CD 格式是提供高质量音频的标准之一，扩展名为.cda。标准 CD 格式的采样频率为44.1kHz，16 位量化位数。CD 存储采用了音轨形式，是一种近似无损的格式。

（6）AU。

AU 格式是 UNIX 操作系统中的声音文件格式。虽然早期互联网上的 Web 服务器主要基于UNIX 系统，但当时互联网上的多媒体声音并不仅限于使用这种文件（还有 WAV、MP3 等）。

（7）AIFF。

AIFF（Audio Interchange File Format）格式是苹果公司开发的一种声音文件格式，扩展名为.aif。它与 AU 和 WAV 格式相近，大多数音频编辑软件都支持该文件格式。虽然 AIFF 格式是基于 iOS 操作系统开发的，但在 Windows 操作系统中也能使用，只是并不流行。

4. 认识数字视频文件格式

（1）AVI。

AVI（Audio Video Interleaved）格式是微软公司推出的一种音视频交错格式，它将语音和影像同步组合在一起形成文件，扩展名为.avi。优点是图像质量好，可以跨平台使用；缺点是文件体积过于庞大。由于缺乏一个统一的压缩标准，因此也出现了不同版本 AVI 格式视频文件不能兼容播放的问题。

（2）WMV。

WMV（Windows Media Video）格式是微软公司推出的一种流媒体格式，扩展名为.wmv。在同等视频质量下，WMV 格式的文件可以实现边下载边播放，适合在网络播放和传播。

（3）MPEG。

MPEG（Moving Picture Expert Group）格式是国际标准化组织认可的媒体封装格式，它采用有损压缩方法减少运动图像中的冗余信息，从而达到压缩的目的。目前，MPEG 常用的压缩标准包括 MPEG-1、MPEG-2 和 MPEG-4。MP4 就是基于 MPEG 视频压缩编码标准的高质量视频文件格式，其采用可变比特的编码技术，对带宽的要求不高，回放图像质量高，还具有交互性及版权保护等功能。

（4）3GP。

3GP 格式是配合 3G 网络传输速度而制定的流媒体视频格式，扩展名为.3gp。它采用简化的 MPEG-4 编码算法、高级音频编码（Advanced Audio Coding，AAC）及自适应多速率（Adaptive Multi-rate，AMR）技术，对存储空间和传输带宽的要求很低，因此移动设备都可得到相对高质量的视频、音频等多媒体内容。该格式视频可在 3G 及以上的移动设备间流畅地传输，但是在计算机上的兼容性差、支持软件少，画面质量及帧率稍差于 AVI 等格式的视频。

（5）MOV。

MOV 格式是苹果公司开发的一种视频格式，用于存储常用数字媒体类型，扩展名为.mov。MOV 默认的播放器是苹果公司的 QuickTime Player。MOV 格式具有较高的压缩率和较完美的视频清晰度等特点，能够跨平台播放，不仅能支持 Mac OS 操作系统，同样也支持 Windows 操作系统。

5. 认识数字动画文件格式

（1）SWF。

SWF（Shockwave Flash）格式是 Macromedia 公司（现已被 Adobe 公司收购）的动画设计软件 Flash 的专用格式，有时也被称为 Flash 文件，扩展名为.swf。它是一种支持矢量和点阵图形的二维动画文件格式，被广泛应用于网页设计、二维动画制作等领域。它具有缩放不失真、文件体积小等特点，支持下载同步播放，是一种流式媒体文件。

（2）FLV。

FLV（Flash Video）格式是随着 Flash MX 发展而来的视频格式，是主流的网络流媒体视频文件格式，扩展名为.flv。该格式文件非常小，但加载速度极快，特别适合在网络环境下观看视频。它解决了视频文件导入 Flash 后，因文件过大，不能在网络上很好播放的问题，所以曾经是绝大多数在线视频网站的首选文件格式。

（3）FLIC。

FLIC 格式有两种扩展名类型：.fli 文件和.flc 文件。FLIC 文件实际上是对一个静止画面序列的描述，连续显示这一序列便可在屏幕上产生动画效果。FLIC 文件的结构简洁，播放速度快，每种基色最多只有 256 级灰度，图像深度只有 8 位，目前较少使用。

（4）MAX。

MAX 格式是 3ds Max 软件的三维动画文件格式。3ds Max 是制作建筑效果图和三维动画的专业工具。

> **说一说**
>
> 结合媒体文件格式的使用，谈一谈按规则做人做事的重要性。

6.1.3　获取常见数字媒体素材

小华经过前期的学习，对常用的一些数字媒体文件的类型和用途有了全面的了解，为制作"低碳生活，青春行动"宣传片打下了基础。他意识到，制作一部优秀的宣传片需要大量的数字媒体素材支撑，包括文本、图片、声音、视频和动画等。只有素材准备充分，才能制作出声情并茂、富有感染力的作品。因此，获取和处理素材是制作数字媒体作品的重要基础。文本、图片素材因其获取、制作都比较容易，所以在数字媒体作品中应用广泛。

文本、图片、声音、视频及动画的获取方法与途径较多，可以从网络下载、从视频中截取、从资源光盘或资源库中获取，还可以自行原创等。

1. 获取文本素材

文本素材是数字媒体作品中最常用的一种素材形式，具有形式简单、输入方便、存取快速、表达准确等特点。获取文本素材的常用方法有以下几种。

（1）键盘输入法获取。

文本的输入主要采用键盘输入法。这是一种主要的输入方式，也是一种很早就采用的文本输入方法。使用计算机输入汉字，需要对汉字进行编码。根据读音的编码称为音码，根据字形的编码称为形码，根据汉字的读音并兼顾汉字字形的编码称为音形码。

目前，已有很多种输入法，如拼音输入法、五笔输入法等。

（2）手写输入法获取。

手写输入法是通过类似笔的"输入笔"设备，在特定的书写板上进行文字书写，从而实现文本输入的一种方法，适用于不会使用拼音或五笔输入法的人群。

（3）语音输入法获取。

语音输入法是通过话筒等输入设备将要输入的文字内容用规范的读音朗读出来，输入计算机中，由计算机的语音识别系统对语音进行识别，并将语音转换为相应的文字，完成文字输入的一种方法。这种方法对发音的准确性要求较高，也是一种常用的文本素材获取方式。

（4）扫描仪输入法获取。

扫描仪输入法是将纸质文字以图像的方式扫描到计算机中，再利用识别软件将图像中文字识别出来，转换为文本格式文件的一种方法。

（5）AI生成文本获取。

AI生成文本是一种较为新颖且高效的文本素材获取方式，尤其适用于需要快速生成高质量内容的数字媒体创作。以DeepSeek等AI写作工具为例，其操作流程通常包括以下步骤：平台访问、输入指令（在对话框中输入明确的主题、关键词或详细需求，描述越清晰，生成内容越精准）、内容生成与优化（AI基于输入指令自动生成文本，用户可通过多次交互优化结果）。在这一过程中，创作者需主动参与内容筛选与调整，保持独立思考能力，避免过度依赖AI工具，确保最终成果既符合创作目标，又能体现个人思维深度与独特视角。

需要注意的是，在使用AI生成内容时，需重视版权合规性，确保生成内容不侵犯他人权益。

2. 获取图像素材

图像素材在数字媒体作品中占有相当大的比重，其精美程度直接影响数字媒体作品的艺术效果，因此成功获取图像素材可以为作品的制作打下坚实基础。但获取资源的同时也要注意保护版权，根据情况进行付费使用，且不得超出授权范围使用，特别是未经许可不得用于商业用途。获取图像素材的方法有以下几种。

（1）从网络上获取。

网络是一个庞大的资源库，制作数字媒体作品所需要的图像素材可以从网络上获取。使用搜索引擎是快速查找各类素材的常用方法之一。可使用"百度"搜索图像，如图6-7所示。

（2）从现有素材库中获取。

在制作数字媒体作品时，也可以从自己已制作好的素材库中直接获取。

（3）使用屏幕抓图工具获取。

采集计算机屏幕中的图像可以采用两种方法。一种方法是按【PrintScreen】键或按【Alt+PrintScreen】组合键，屏幕信息就被保存到剪贴板中，然后按【Ctrl+V】组合键粘贴使用即可。另一种方法是使用抓图软件来采集屏幕中的图像。

图 6-7　"百度"搜索图像

（4）利用扫描仪获取。

用扫描仪将杂志、画报或书籍中的图像扫描到计算机中，存储为图像格式。

（5）通过绘画获取。

通过绘画可以获得个性化的图像素材，绘画可采用以下方式。

① 在纸张等载体上绘制图像，再通过扫描仪扫描或相机翻拍获取图像素材。

② 利用系统自带的画图程序或 Photoshop 程序绘制图像。

（6）利用相机拍摄获取。

利用手机相机、数码相机或摄像机来采集画面，再用相应的软件将其导出并转为所需的图像格式。

（7）利用 AI 绘画获取。

AI 绘画工具可以根据关键词生成高质量的图像素材，为数字媒体作品提供创意支持。生成的图像可以进一步在图像编辑软件中进行调整和优化，以满足具体的设计需求。常用的 AI 绘画工具包括文心一格、通义万相、即梦 AI 等。

需要注意的是，使用 AI 生成图像时，应确保遵守相关法律、平台使用条款以及版权要求，避免侵犯他人权益或引发知识产权纠纷。

3. 获取数字音频素材

数字媒体中的音频主要用于做背景音乐或效果音乐，但有些音频出于版权保护的原因，在下载时可能会受限制，即便下载成功，也不能进行传播和商业使用。音频的获取途径主要有以下几种。

（1）从互联网下载。

从互联网下载已有的音频文件是最省时省力、最经济有效的音频获取方式。可以利用各搜索引擎，如"百度"等，在"关键词"文本框中输入要下载的音频文件名称，按【Enter】键进行搜索，然后下载。也可以借助各种音乐软件客户端进行下载，如"酷我音乐"等。采用这种方式查找、下载文件，需要先安装相应客户端软件，然后在搜索文本框中输入要下载的音频文件名称，搜索下载资源文件。音乐软件客户端的下载界面如图6-8所示。

图 6-8　音乐软件客户端下载界面

（2）从视频中提取。

若感觉某一个视频的配音很优美，但找遍网络音乐库也无法获得时，可以通过软件将视频中的音频提取出来。常见的提取音频的软件有"格式工厂""迅捷音频转换器"等。

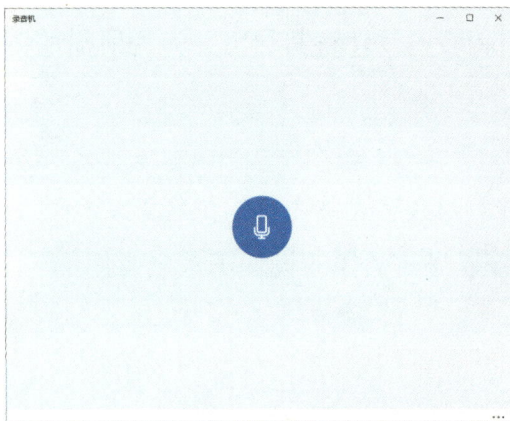

图 6-9　"录音机"工具软件的操作界面

（3）利用录音软件录制。

对于语音解说的音频文件，通常从网络上下载的可能性很小，需要利用录音软件自己录制。录音软件的种类很多，最常用的是 Windows 操作系统中自带的"录音机"工具。"录音机"是 Windows 系统提供的基础录音工具，用户通过单击"开始录音"按钮进行录制，完成后单击"静止"按钮并保存音频文件即可。该工具适合简单的录音需求，不适合专业编辑。"录音机"工具软件的操作界面如图6-9所示。

（4）从即时通信软件中获取。

即时通信软件通过文字、语音、视频、文件等多种形式实现信息的交流与互动，它不但可以作为用户之间的沟通工具，也可以作为电子商务、工作、学习等交流的平台。其他用户发来的音频资料通常可以导出并保存为本地文件。

（5）利用 AI 生成音频。

AI 音乐生成工具可以根据文字描述或旋律片段生成音频素材，为数字媒体作品提供创意灵感。目前主流的国产 AI 音频生成工具包括网易天音、腾讯云智能创作、阿里通义听悟等。

需要注意的是，使用 AI 生成音频时，应确保遵守相关法律法规及平台使用条款，避免侵权或引发纠纷。

4．获取数字视频素材

获取数字视频素材的方法有从数字视频中截取、利用计算机软件制作、用数字摄像设备拍摄和视频数字化等。

（1）从互联网下载。

与数字音频资源一样，视频素材的获取也可以通过搜索引擎搜索关键字或者直接从大型视频客户端搜索下载，但需注意遵守相关版权规定，确保合法使用。

（2）利用工具截取。

若用户只需要数字视频文件中的一部分，可以通过剪辑软件从视频文件中截取需要的部分，形成所需的数字视频素材。

（3）利用计算机软件制作视频。

目前网络上的视频制作软件比较多，如"爱剪辑""快剪辑""会声会影"等。这些软件功能齐全，操作简单。

（4）利用数字摄像设备拍摄素材。

通过数字摄像机或者智能手机拍摄，获取视频数字文件，然后转存到计算机硬盘或光盘中。

（5）利用录屏软件。

网络上的某些资源有使用权限设置，有些只能观看不能下载。如果想要使用这些视频资源，可以通过录屏软件录制获取，但须确保这种做法符合版权法及相关使用条款的规定。

（6）从即时通信软件中获取。

类似于音频文件，也可以将即时通信软件中接收的视频文件导出并保存为本地文件。

除了以上获取数字视频的方法外，还可以通过专门设备和技术实现从模拟视频到数字视频的转化，这个过程称为视频数字化。对于早期的模拟视频，通过视频采集设备能够将其转化为数字视频。

> **说一说**
>
> 在获取常见数字媒体素材的过程中，应遵守哪些法律法规和道德规范？

6.1.4　转换数字媒体格式

掌握了数字媒体素材获取方法的小华，很快就收集了许多能够用于创作的素材，但素材的格式不尽相同。对照别人作品使用的素材，小华发现，有些素材文件格式不能直接用于数字媒体产品。为解决这一问题，小华想尝试进行格式转换。

目前，仅常见的音视频文件格式就达数十种之多。音视频文件在使用时可能出现不能正常播放、占用空间较大等问题。进行数字媒体格式转换是解决问题最有效的方法。从一种格式转换为另一种格式时，必须有明确的应用方向，而且还要考虑是否有价值，如有的视频文件转换后播放效果不理想，或文件容量增大，就失去了转换的意义。

数字媒体文件的格式转换分为同类型间的格式转换和不同类型间的格式转换。同类型格式的转换比较常见，也容易实现，如视频类的相互转换、音频类的相互转换等。但有时为了满足工作需求，也需要把某种类型的文件转换为另一种类型。

1. 同类型数字媒体文件格式转换

（1）文本格式转换。

常见的文本格式有 TXT、RTF、DOC/DOCX、PDF、WPS 等。当需要把 WPS 文字文档或 Word 文档转换成 PDF 文件时，可以在 WPS 文字或 Word 中选择"另存为"命令，在"另存为"对话框的"保存类型"下拉列表中选择"PDF"格式即可，如图 6-10 所示。同理，也可以转换成其他文本格式。

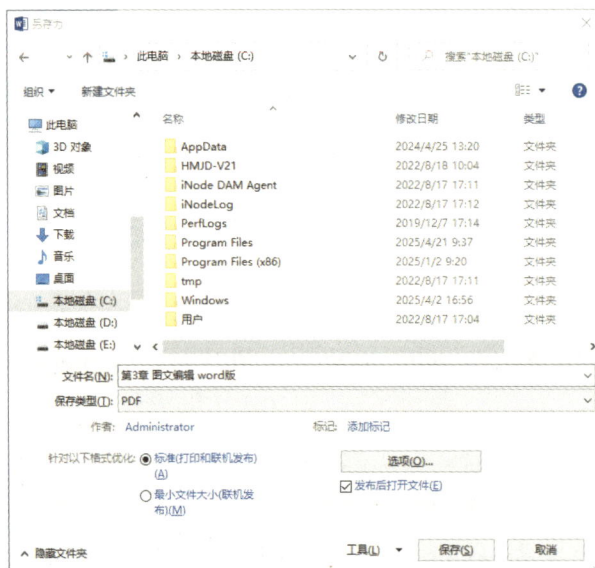

图 6-10　Word"另存为"对话框

（2）图片格式转换。

图片有位图（点阵图）和矢量图两种类型，位图格式包括 BMP、JPG、PCX、GIF、TIF、PNG、PSD 等，矢量图格式包括 CDR、AI、SVG、WMF 等。图片格式转换最为简单的方法是利用 Windows 系统自带的"画图"工具软件，将需要转换的图片用"画图"工具软件打开，然后用"保存为"命令实现 BMP、JPG、PNG、GIF 格式的相互转换，如图 6-11 所示。但是这种方法只适用于常用格式图片。如果要实现更多格式的相互转换，可以使用专业转换工具软件如 ACDSee。对于由专业图形制作工具软件（如 CorelDRAW、Illustrator、Photoshop 等）

生成的图片格式，通常只能用相应软件打开，再生成其他的图片格式。

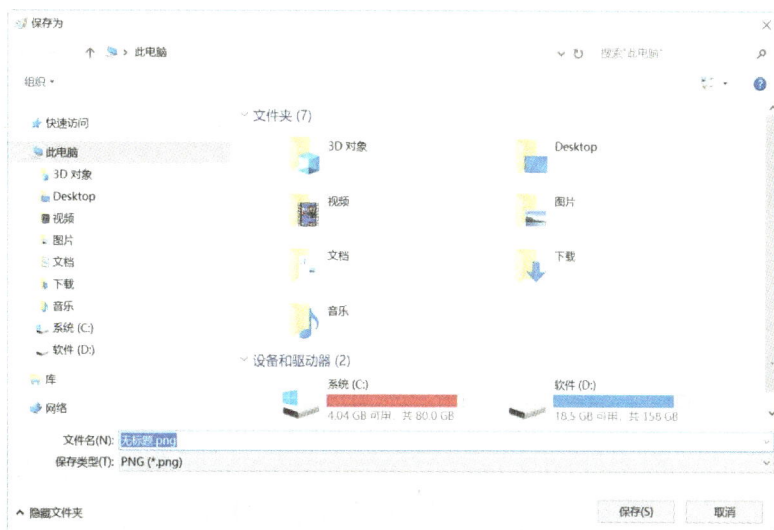

图 6-11　"画图"工具"保存为"对话框

（3）音频格式转换。

实现音频文件格式转换需要借助专门软件完成，"格式工厂"就是可以实现格式转换的软件。"格式工厂"是面向全球用户的一款免费转换文件格式的软件，支持多种类型的多媒体文件之间的格式转换。从网络下载并安装后，可以使用该软件进行音频格式转换。打开"格式工厂"软件，在左侧导航栏单击"音频"选项，会看到它所支持转换的目标音频格式。单击想要转换的音频格式，如"MP3"格式，弹出"MP3"对话框，在对话框中添加要转换的音频文件，设置好输出配置，单击主界面上的"开始"按钮，进行格式转换，操作界面如图 6-12 所示。

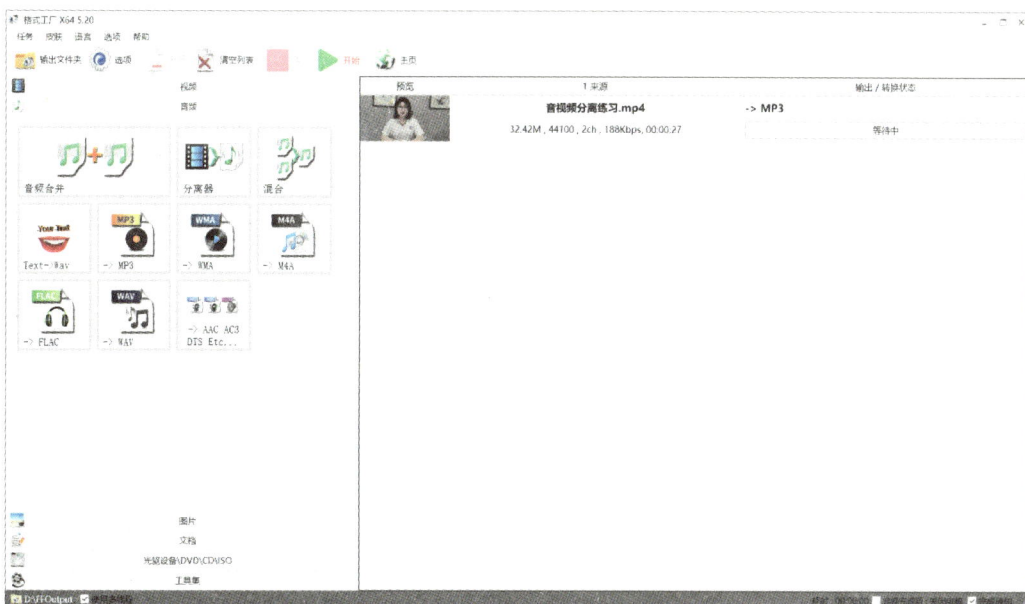

图 6-12　"格式工厂"软件操作界面

光盘中的 CD 格式文件要转换为其他音频格式文件，需要将光盘放到计算机的光驱中，打开"格式工厂"软件，在软件界面左下方有一个"光驱设备 DVD\CD\ISO"选项，选择其中的"音乐 CD 转到音频文件"，就可以将 CD 格式的文件转换为 MP3 格式或其他格式的文件。利用 Windows 系统自带的"Media Player"工具中的"翻录"功能，也可以实现 CD 格式文件的转换。

（4）视频格式转换。

视频格式转换其实就是编码方式的转换，因此也称为"转码"。视频转码软件较多，除了常用的"格式工厂"，还有多种工具能实现多种视频文件格式的转换。例如，PotPlayer 播放器也可以通过"录制视频"的方式快速进行格式转换，如图 6-13 所示。

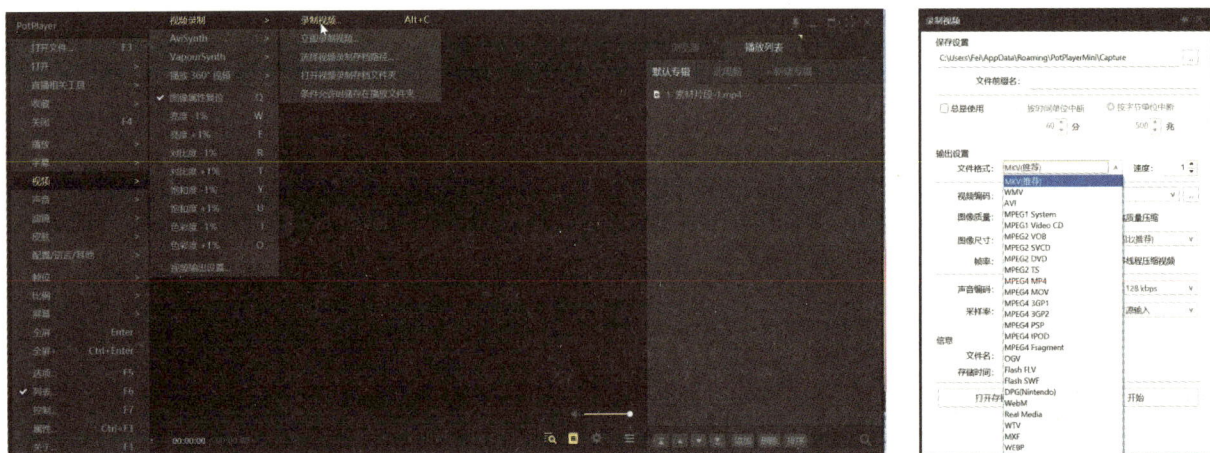

图 6-13　PotPlayer 播放器

2. 不同类型数字媒体格式的转换

（1）视频格式转音频格式。

若只需要视频文件中的音频部分，可以将视频中的音频抽取出来，也就是将原来的视频格式转换成音频格式。"格式工厂""会声会影"等都支持从某种类型的视频文件中提取音频。

（2）文字格式转音频格式。

文字格式转音频格式采用的大多是文语转换（Text To Speech，TTS）技术。TTS 技术最早起源于英文的文语转换系统。在中文文字语言转换技术领域，较为成熟的产品有"科大讯飞""捷通华声"等。中文文字语言转换系统已经广泛应用于交互式语音应答和盲人阅读，其中，多数转换系统还能同时进行中文和英文的语音合成。不过，很多转换软件属于商业软件，需支付费用才能使用。"科大讯飞"的体验界面如图 6-14 所示。

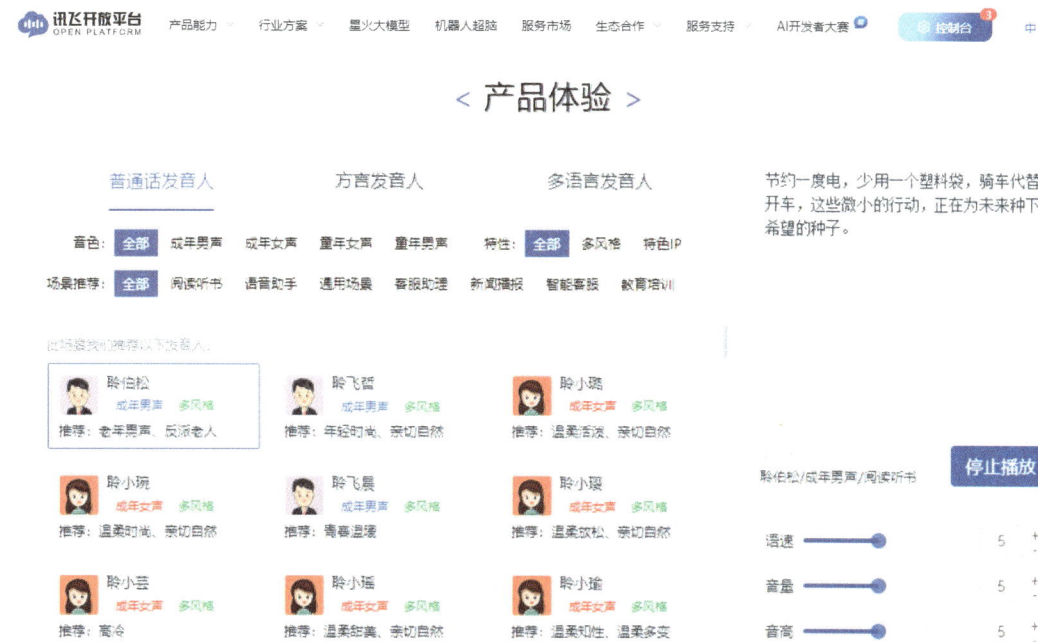

图 6-14　"科大讯飞"的体验界面

（3）声音格式转文字格式。

声音格式与文字格式转换主要应用语音识别技术，语音识别技术是人工智能领域最成熟也是应用最广泛的技术之一。在日常生活中，我们经常使用微信的语音输入功能，它能够将我们的语音信息快速准确地转换为文字，方便我们发送消息。微信语音识别接口基于先进的人工智能技术，具有识别准确率高、响应速度快等特点，能够广泛应用于聊天交流、公众号交互等多个场景。在语音识别技术领域，国内的知名公司有"科大讯飞""百度"等，国外的知名公司有"苹果""谷歌""亚马逊"等。这些公司通过不断的技术创新和产品优化，推动了语音识别技术在各个领域的深入应用，为人们的生活和工作带来了极大的便利。

💬 **说一说**

我国主流语音识别工具的特色。

任务 2　加工数字媒体

若收集的素材不能直接使用，就需要进行必要的处理，将其加工成可以利用的资源或半成品。对数字媒体素材进行加工，其目的是满足作品的需要，使素材能更好地服务于作品。加工数字媒体思维导图如图 6-15 所示。

编辑图像素材

编辑音频素材 ⟶ 加工数字媒体 ⟶ 制作简单的计算机动画

编辑视频素材

图 6-15 加工数字媒体思维导图

◆ **任务情景**

小华深知，想要制作出一个数字媒体作品，充足的文本、图形、图像、音视频等素材必不可少。于是，他通过多种渠道广泛搜集到了大量素材。

满心欢喜地筛选了所有的素材后，小华发现，有些素材可以直接使用，而有些素材的内容只能部分满足需求。为了解决这一难题，小华虚心地向老师请教。老师告诉他，可以使用音视频编辑软件对这些素材进行处理，通过这类软件，能够轻松地将获取的素材转化为自己所需要的内容。

◆ **任务分析**

小华在网上搜索到许多音视频编辑软件，经归类总结后发现，数字音频编辑软件分为两类：一类是音源软件，这类软件能够产生并模拟各种乐器或发声物，主要服务于数字音乐创作；另一类是编辑软件，这类软件可完成声音录制、编辑、混音合成、特效处理等工作。

数字视频编辑涵盖两个层面的操作：一是传统意义上较为简单的画面拼接；二是影视特效制作。小华决定使用音视频编辑软件，将收集到的素材按照自己的要求进行加工、编辑。

6.2.1 编辑图像素材

图像经常用于数字媒体创作过程中，可以直观形象地展示事物或场景。图像在使用之前多数需要进行编辑。为了更好地学习图像素材的编辑，小华选择了"美图秀秀"作为工具。美图秀秀是一款功能强大的图像编辑软件，支持跨平台操作，既提供了便捷使用的移动 App，也提供了功能更全面的 PC 版本。小华相信自己可以通过美图秀秀轻松掌握图像编辑的基本技能，并在后续创作中灵活运用。

本节将学习如何制作海报，具体步骤如下。

（1）打开"美图秀秀"，进入软件主界面，如图 6-16 所示。

（2）在主界面中单击"海报设计"按钮，进入"美图设计室"界面，然后单击左侧菜单栏"模板中心"选项，切换至"模板中心"界面，如图 6-17 所示。

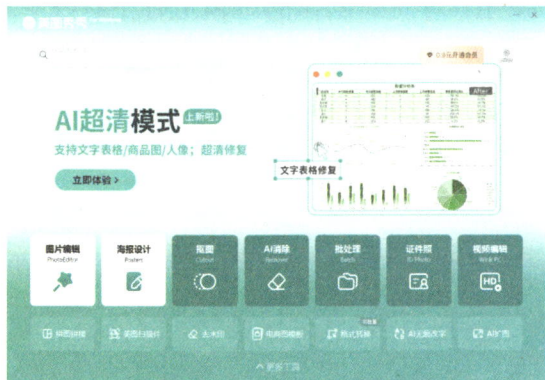

图 6-16　"美图秀秀"界面

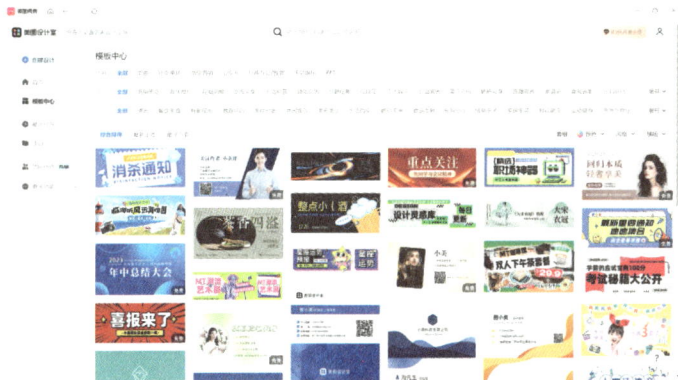

图 6-17　"模板中心"界面

（4）在"海报模板"界面选择合适的模板，单击"预览"按钮可以放大观看效果，确认后单击"立即编辑"按钮可以进入"美图设计室"界面进行设计，如图 6-18 所示；或是直接单击缩略图进入"美图设计室"界面进行设计，如图 6-19 所示。

图 6-18　"立即编辑"按钮

图 6-19　"美图设计室"界面

（5）选中的海报模板显示在屏幕中间，单击海报中需要变动的地方，可以对海报内容进行修改、删除等操作，修改、删除后的效果如图 6-20 所示。

（6）文字修改完成后，可单击"元素"按钮，对海报进行适当装饰，装饰后的效果如图 6-21 所示。

图 6-20　对原始海报修改、删除后的效果

图 6-21　"元素"装饰后的效果

（7）所有操作完成后，单击海报右上方的"下载"按钮，可对新创作的海报进行下载保存。制作的海报可以在后期结合 AI 及视频编辑工具应用在宣传片的制作当中，同时可以分享给自己的微信好友、QQ 好友或者分享到微信朋友圈、QQ 空间、微博等。最终完成的海报如图 6-22 所示。

图 6-22　海报完成后的效果

> 💬 说一说
>
> 在编辑图像素材的过程中，如何体现精益求精、追求卓越的工匠精神？

6.2.2　编辑音视频素材

小华从收集到的音视频素材中选择了几个，试着对它们进行编辑。对数字音视频进行处理、加工，可以使用专业的数字音视频处理设备，也可以使用普通的计算机和相应的多媒体软件完成技术处理。将专业设备与计算机相结合，用计算机和软件控制专业设备或两者协同工作，可以更好地完成音视频的编辑工作。

1. 编辑音频素材

目前可使用的音频编辑软件较多，较为典型的有"音频编辑专家""迅捷音频转换器""Adobe Audition""Sonar""Gold Wave"等。这些软件分为单轨和多轨两大类：单轨主要用于对单个音频文件的处理；多轨可以把多个音频文件剪辑、合并为一个音频，创作出丰富多彩的音效作品。以下音频素材编辑是以"迅捷音频转换器"为例，介绍音频的剪切、合并、提取和转换操作。

"迅捷音频转换器"是一款操作简便且功能强大的音频转换器，不仅支持音频的格式转换，还支持音频提取、剪切等操作。

（1）剪切音频。

① 准备好音频素材，启动"迅捷音频转换器"软件，进入软件界面，单击"音频剪切"按钮，如图 6-23 所示。

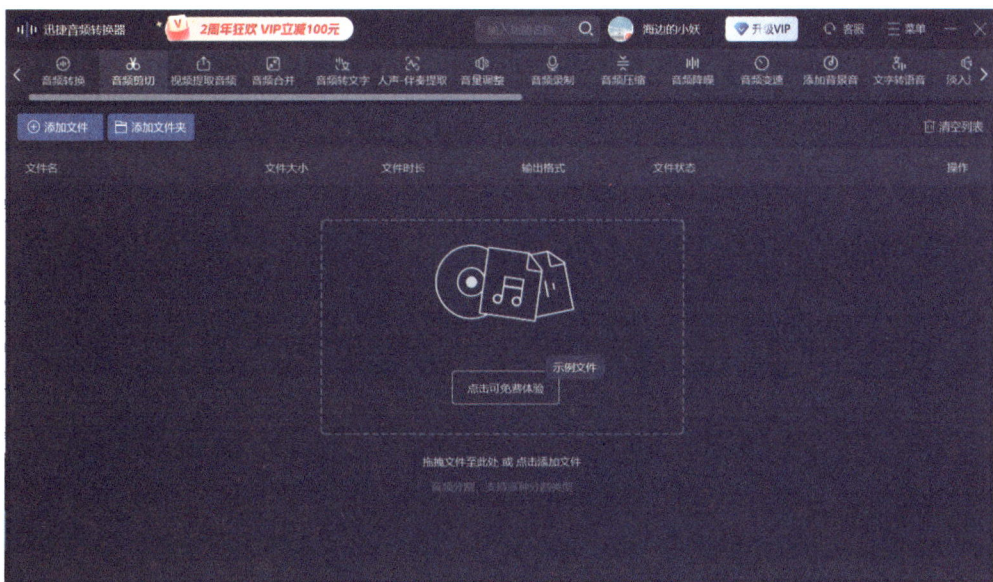

图 6-23　"音频剪切"窗口

② 单击"添加文件"或"添加文件夹"按钮，弹出"请选择音频文件"对话框，在该对话框中选择需要剪切的音频文件。

③ 添加音频文件后，单击右侧的"剪切"按钮，在弹出的编辑对话框内进行音乐的剪辑分割，如图 6-24 所示。

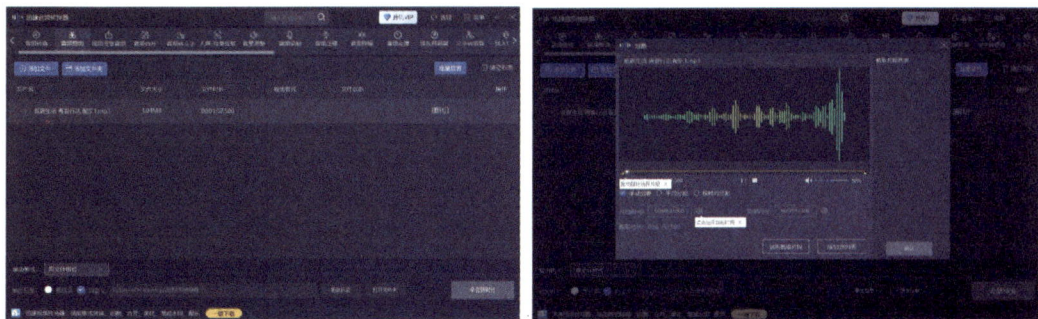

图 6-24　剪辑分割

对音频的剪切操作分为"手动分割"、"平均分割"和"按时间分割"。"手动分割"是通过修改"当前片段范围"手动设置剪切的时间点。"平均分割"是将音频文件根据时间长度平均分为若干个文件。"按时间分割"是按用户给定的时间长度分割音频。

④ 设置好分割类型后，单击"添加到列表"和"确认"按钮，将分割后的音频文件添加

到输出文件列表，选择"输出目录"，单击"全部导出"按钮即可导出剪切后的音频。

（2）合并音频。

① 单击"音频合并"按钮，再单击"添加文件"或"添加文件夹"按钮，添加要合并的音频文件，操作如图 6-25 所示。如果还需要对添加的音频文件进行编辑，可以单击右侧的"编辑"按钮，剪辑出需要的一段音频。

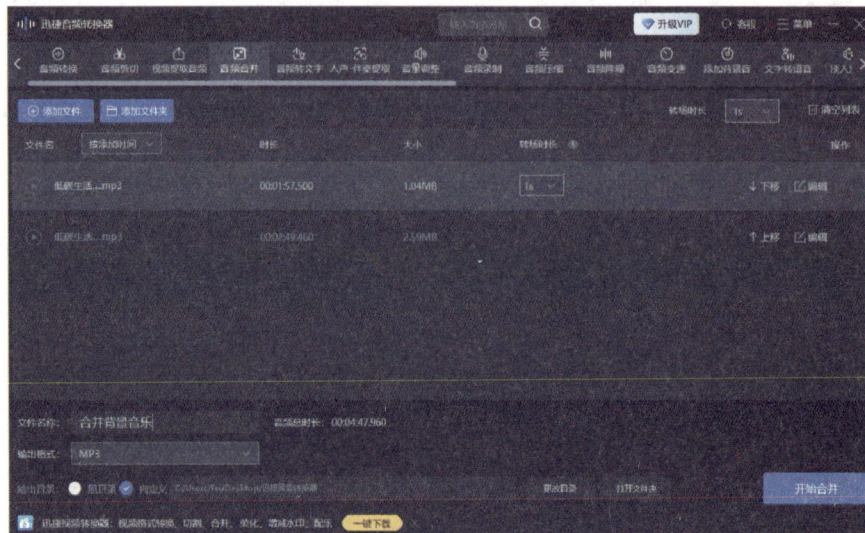

图 6-25　"音频合并"窗口

② 将音频添加到软件并且完成剪辑以后，可以根据需要调整音频的前后位置，然后选择"输出目录"，单击"开始合并"按钮即可。

（3）提取音频。

① 单击"视频提取音频"按钮，再单击"添加文件"或"添加文件夹"按钮，将要提取音频的文件添加到软件中，如图 6-26 所示。

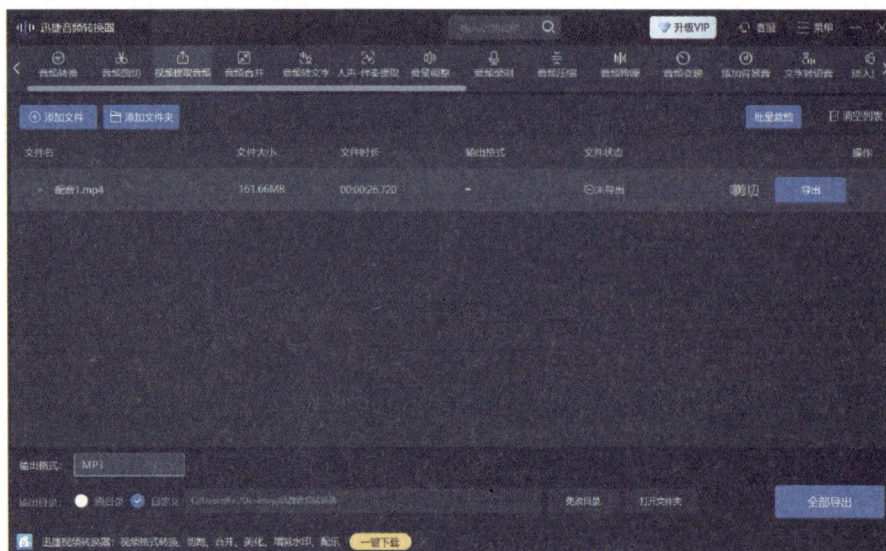

图 6-26　"视频提取音频"窗口

②　如果不想提取整个文件的音频，可以单击右侧的"剪切"按钮，设置要提取的音频范围，设置完成后单击"添加到列表"和"确认"按钮。

③　在"输出目录"中设置文件的保存路径，单击"全部导出"按钮即可。

（4）转换音频。

①　单击"音频转换"按钮，再单击"添加文件"或"添加文件夹"按钮，将需要转换的音频文件添加到软件中。

②　在右侧的"选择输出格式"列表中，根据需要选择转换后的音频格式、质量及声道，如图6-27所示。

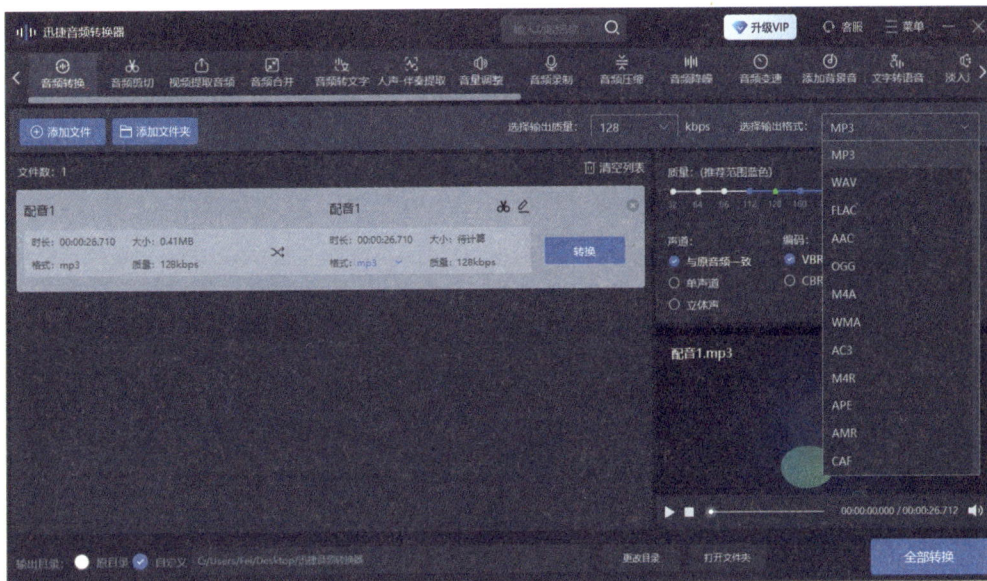

图 6-27　"音频转换"窗口

③　完成设置后，选择"输出目录"，单击"全部转换"按钮即可。

2. 编辑视频素材

常用视频编辑软件有"剪映""会声会影""Adobe After Effects""Adobe Premiere""视频编辑专家"等。这些视频编辑软件都具备基本的视频编辑功能，但在复杂特效处理上存在差异。以下视频素材的编辑以"视频编辑专家"为例，讲解视频的分割、配音配乐和字幕制作等操作。

"视频编辑专家"是一款专业的视频编辑软件，包含视频合并、视频分割、视频截取、视频转换等功能，是视频爱好者处理视频常用的工具。

（1）分割视频。

①　准备好视频素材，启动"视频编辑专家"软件，在弹出的操作窗口中单击"视频分割"按钮，打开"视频分割"窗口的"添加要分割的视频文件"界面，如图6-28所示。

②　添加视频文件，设置"输出目录"后单击"下一步"按钮，进入"分割设置"界面。

"分割设置"界面左侧是设置视频分割的选项，右侧用来显示添加的视频文件。

③ 在左侧栏内，选中"每段时间长度"单选按钮，可以将视频以秒为单位分成若干段；选中"每段文件大小"单选按钮，调整其数字框内的数值，可以按设定的文件大小（MB）分割视频；选中"平均分割"单选按钮，调整其数字框内的数值，可以将视频文件平均分为若干等份；选中"手动分割"单选按钮，可以手动设置分割的时间点。操作界面如图 6-29 所示。

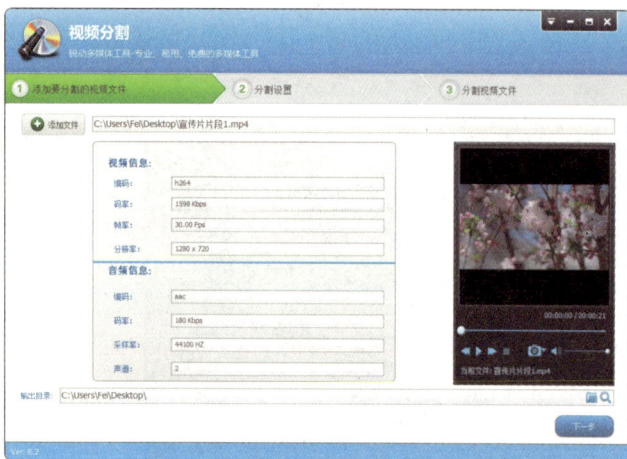

图 6-28　"添加要分割的视频文件"界面　　　图 6-29　"分割设置"界面

④ 完成视频文件分割设置后，单击"视频分割"窗口中的"下一步"按钮，进入"分割视频文件"界面，显示分割视频文件的进度。分割完成后弹出"分割结果"提示对话框。单击"确定"按钮，关闭该提示框，显示分割文件的详细信息。

⑤ 单击"分割视频文件"选项卡中的"打开输出文件夹"选项，可以查看分割后的视频文件。

（2）视频的配音配乐。

① 单击"视频编辑专家"软件窗口中的"配音配乐"按钮，进入"视频配音"窗口的"添加视频文件"界面，单击"添加"按钮，添加视频文件，如图 6-30 所示。

② 单击"下一步"按钮，进入"给视频添加配乐和配音"界面。单击"新增配乐"按钮，弹出"打开"对话框，选择一个外部音频文件，在"新增配乐"按钮的上方自动增加一个指示条，表示添加音频成功，如图 6-31 所示。

③ 单击"新增配乐"按钮，还可以在红色指针所在位置增添新音频。

④ 单击"下一步"按钮，进入"输出设置"界面，设置输出的目录和添加音频的视频文件名称。在"目标格式"下拉列表中选择"使用其他的视频格式"选项后，"更改目标格式"按钮和"显示详细设置"复选框变为可用。单击"更改目标格式"按钮，弹出"选择需要合并成的格式"对话框，设置所需的视频文件格式。

图 6-30　"添加视频文件"界面

图 6-31　"给视频添加配乐和配音"界面（配乐）

　　⑤ 单击"下一步"按钮，进入"进行配乐和配音"界面，显示转换进度，转换完成后弹出提示对话框。单击"确定"按钮，关闭该提示对话框，配乐或配音后的视频文件就以给定的文件名保存在指定的路径。

　　⑥ 在"视频配音"窗口的"给视频添加配乐和配音"界面，单击"配音"按钮，进入"配音"界面，如图 6-32 所示。

　　⑦ 单击"高级设置"按钮，弹出"录音设置"对话框，可以测试话筒录音的效果。单击"立即回放"按钮，可以播放录音效果，如图 6-33 所示。

图 6-32　"给视频添加配乐和配音"界面（配音）

图 6-33　"录音设置"对话框

　　⑧ 单击"快捷键设置"选项，弹出"录音快捷键"对话框，在该对话框内单击"录音快捷键"下拉按钮，在打开的列表中选择一种快捷键。

　　⑨ 单击"新配音"按钮或按已设置的快捷键，即可开始播放视频，同时可以通过麦克风给视频配音。

（3）制作字幕。

① 单击"视频编辑专家"软件界面中的"字幕制作"按钮，进入"字幕制作"窗口，单击"添加视频"按钮添加视频文件，选中"自定义位置"和"字体设置应用到所有行"复选框，如图6-34所示。

图6-34 "添加视频文件和编辑字幕"窗口

② 单击视频播放器的"播放"按钮播放视频，同时记录需要添加字幕文字的时间。单击"停止"按钮，停止播放视频。

③ 单击"字幕制作"窗口内的"新增行"按钮，在"开始时间"和"结束时间"文本框内修改第1个字幕将要出现的时间和结束时间，在"字幕内容"文本框内输入文字，如输入"春风拂过大地"。再单击"新增行"按钮，此时，第1个字幕的信息自动出现在"字幕"列表框内。按此方法，可添加多个字幕的时间和内容，如图6-35所示。

④ 完成制作字幕后，在"字幕"列表框内任意选择一个字幕信息，选择"自定义位置"复选框，会在视频播放器视图内显示两条绿色直线以及字幕文字。拖动绿色直线可以调整字幕文字的位置，拖动"水平位置"和"垂直位置"内的滑块也可以调整字幕文字的位置，拖动"透明度"滑块还可以改变字幕文字的透明度。按此方法可以设置其他字幕的位置和效果，如图6-36所示。

⑤ 单击"导出字幕"按钮，可以导出字幕。如果修改了字幕，单击"保存字幕"按钮，可以保存修改后的字幕。单击"导入字幕"按钮，可以导入字幕文件。

⑥ 单击"下一步"按钮，进入"输出设置"界面，选择保存路径和目标格式。

⑦ 单击"下一步"按钮，进入"制作视频"界面，显示制作进度，完成制作后弹出提示对话框。单击"确定"按钮，关闭该提示对话框，制作字幕的视频文件以给定的文件名保存在

指定位置。

图 6-35　已添加字幕内容的字幕窗口　　　　　图 6-36　字幕效果编辑窗口

说一说

结合音视频编辑软件的选择，谈一谈对"工欲善其事，必先利其器"的理解。

6.2.3　制作简单计算机动画

音视频编辑软件帮助小华很快完成了素材编辑工作，向制作一个完整的数字媒体作品的目标又迈进了一步。

小华在浏览网页或者聊天的时候，发现有许多形象生动、活泼可爱、引人入胜的动画，若将一些动画素材放在自己的作品中，效果是否更好？如何制作动画引起了小华浓厚的兴趣。

计算机动画起步于 20 世纪 50 年代，是在计算机硬件和计算机图形学发展的基础上，将传统动画与计算机技术相结合的产物。计算机常用的专业动画制作软件很多，如 AE、MAYA、Ulead COOL 3D、3ds Max 等。随着 AI 技术的飞速发展，动画制作迎来了新的变革，即使是普通人也可以利用 AI 技术迅速生成动画。AI 动画制作技术以其高效、智能的特点，逐渐成为视频创作领域的热门工具。无论是短视频博主、教育工作者还是企业营销团队，AI 动画都能为其提供高效、智能的创作解决方案。

AI 动画制作技术的应用十分广泛，如游戏开发、电视动画制作、广告创作、电影特技制作等，都可以借助该技术实现高效的创作和呈现。AI 动画制作技术通过简单的文字指令，利用 AI 模型生成动画内容，大大降低了创作门槛，提升了创作效率。

　　常用的 AI 动画制作软件有很多，如"即梦 AI""Runway""PixVerse V4"等。小华希望宣传片的结尾可以增加动画效果，他尝试使用了"即梦 AI"。

　　① 打开浏览器，搜索进入"即梦 AI"官网，如图 6-37 所示。单击"免费注册"按钮创建个人账号。

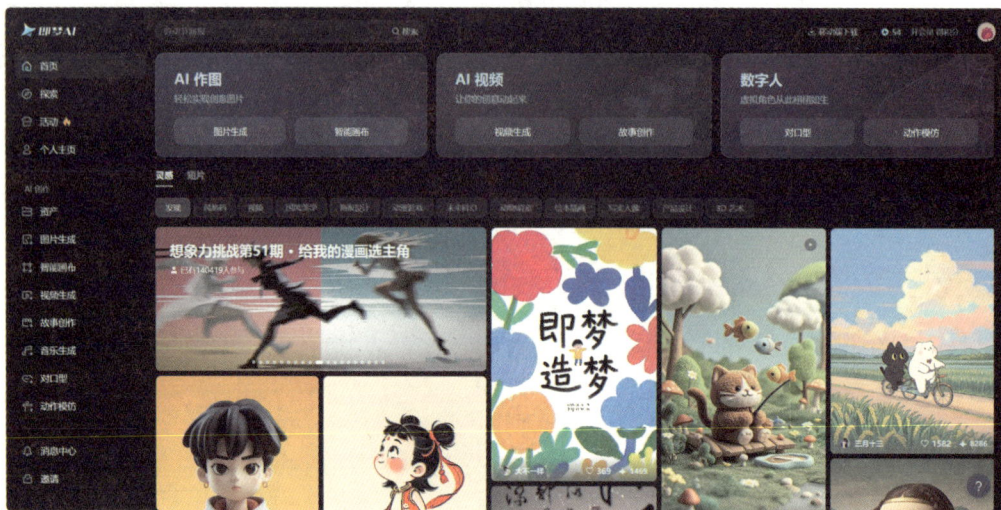

图 6-37　　"即梦 AI"首页界面

　　② 视频的基础是图片，首先借助 AI 生成视频首帧参考图。单击"AI 作图"→"图片生成"按钮，在左侧对话框中可以描述想要生成的图片，也可以导入参考图供 AI 参照使用，如图 6-38 所示。稍等片刻就可以得到四幅生成的 AI 图片，有不满意的地方还可以再次修改描述来进行修正，直至得到符合需求的图片。单击图片上的"下载"按钮，保存图片至本地。需要特别注意的是，描述时所使用的词汇要尽量准确、具体，要明确风格、主体，适当加入情感、细节的描述也可以让 AI 更好地理解需求，生成更符合期望的作品。

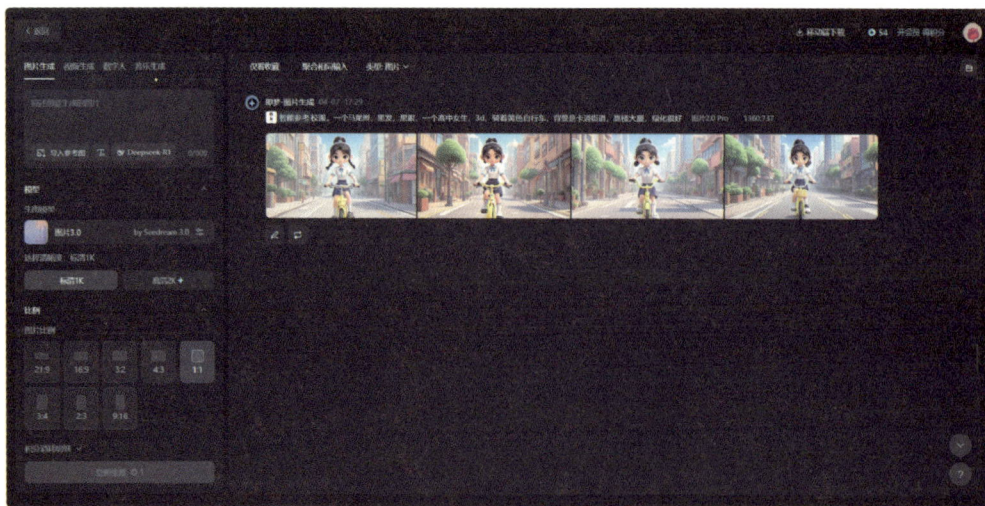

图 6-38　　图片生成界面

③ 单击左侧的"视频生成"按钮，上传之前已经生成的图片，并对想要生成的动画效果
进行描述，如图 6-39 所示。相较于图片生成的描述，动画需注意动态效果和时间线的描述。
经过多轮的修改，生成想要的动画效果后可以单击动画上的"下载"按钮，保存文件至本地。

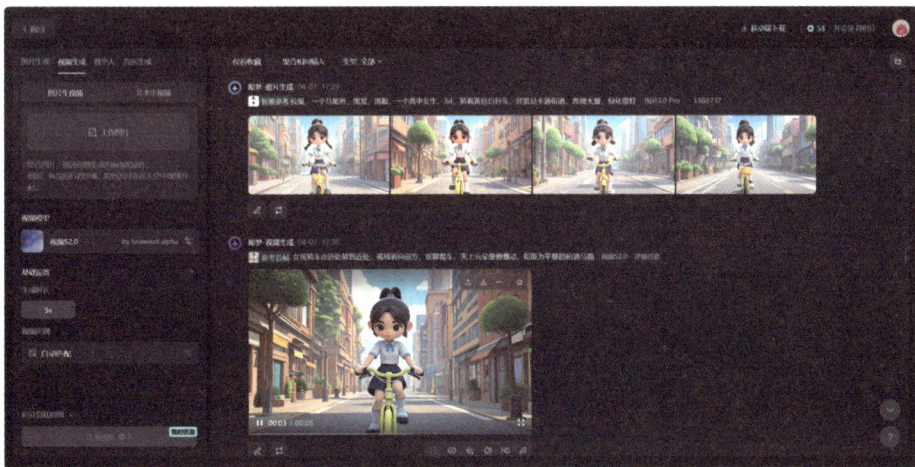

图 6-39　视频生成界面

通过以上步骤，小华轻松地使用"即梦 AI"制作出了多个动画作品片段，为"低碳生活，
青春行动"宣传片又增添了新的素材。

> 💬 说一说
>
> 创意在计算机动画制作过程中的重要性。

任务 3　制作简单数字媒体作品

随着数字媒体行业的飞速发展，数字媒体成为新兴、高效且不可或缺的媒介形式，数字平
面设计类、数字动画类、数字音乐类、数字电影类等数字媒体作品如雨后春笋般层出不穷。它
可能是一集《国家宝藏》，可能是博物馆中的一处 VR 场景，也可能是一款游戏，更可能是移
动终端中的一个新颖的交互 App。数字媒体丰富的表达方法为作品赋予了非常高的艺术价值与
商业价值。制作简单数字媒体作品思维导图如图 6-40 所示。

图 6-40　制作简单数字媒体作品思维导图

◆ **任务情景**

经过前期的工作，小华已经完成素材收集和编辑的准备工作，他希望自己的第一个作品《低碳生活，青春行动》可以帮助大家培养节约资源、保护环境的良好习惯，在校内营造绿色低碳的良好氛围。小华充满信心地期待着自己的作品能够闪亮登场，为"低碳生活，青春行动"宣传活动增添一抹亮色，同时也为社会的可持续发展贡献自己的一份力量。

◆ **任务分析**

制作数字媒体作品的软件琳琅满目、种类繁多，经过查找资料和软件使用分析对比，小华决定使用"剪映专业版"制作他的第一个数字媒体作品。

"剪映专业版"是一款应用广泛的数字视频编辑软件，该软件界面直观、操作简单、功能强大、实用易用，能轻松快速地制作出与专业级软件相媲美的作品。

6.3.1 了解数字媒体作品设计的基本规范

数字媒体作品有别于传统纸媒，能带来更强的视觉冲击，从而提升用户的观看兴趣。因此，数字媒体作品对观感有更高要求。一般认为，设计数字媒体作品应遵循以下规范。

（1）选题准确、策划到位。主题鲜明、素材新颖、内容连贯、图文清晰，具有一定的创新性和较高的制作水准。多媒体作品的设计思路保持上下联系、前后贯通，同类或者同级的页面元素要保持样式风格一致，对于突出的重点，格式也要注意保持一定的规范。

（2）视觉良好、体验效果佳。版式设计美观、色彩搭配合理、字体应用恰当、文字处理规范。相同类型的构图元素（文字、线条、图形、图片、动画、视频等）颜色风格要一致；正文应选择与背景对比度高的颜色，如深灰或黑色文字搭配浅色背景，或白色文字搭配深色背景，避免使用低对比度或易使人疲劳的颜色组合；按钮与背景对比要明显，可考虑使用对比色，或使用阴影等辅助视觉效果；背景不宜繁杂，使用不同亮度和饱和度的单色或者类似色，既可平衡视觉空白，又能避免背景过于醒目；构图中的图形元素应符合相应要求，如大小和位置要求、配色和线条风格要求、图表风格统一要求等。

（3）互动有序、体验良好。整体规范，互动切入自然恰当，各部分关系紧密，节奏张弛有度。

（4）系统设计说明规范。说明清晰、文笔流畅，能准确表达设计思路，完整说明使用环境和使用要求，可操作性强。

（5）播放演示顺畅。能够在规定的环境中完整、流畅地播放。

> **说一说**
>
> 结合数字媒体作品设计规范，谈一谈团队协作的重要性。

6.3.2　制作宣传片

经过努力，小华将宣传片所需的各类素材都已准备完毕。他希望将自己搜集到和拍摄的好素材以及刚刚学会的动画技巧都能应用到这个宣传片当中。小华觉得一个优秀的数字媒体作品不仅要在艺术表现上创新，更要对社会公益事业的宣传发挥作用，使人们在欣赏作品的同时能接受作品传递的正能量，达到从视觉冲击到影响观看者思想的目的。

宣传片以其独特的表现形式和显著的宣传效果在社会生活中发挥着重要作用，视听结合的宣传方式比传统的静态画面更富有表现力及感染力，观看者更容易理解宣传内容。

本节学习如何制作《低碳生活，青春行动》宣传片，具体操作步骤如下。

① 打开"剪映专业版"软件进入初始界面，如图 6-41 所示。单击上方的"开始创作"按钮，进入剪辑界面，新建一个项目。剪映专业版的剪辑界面布局可分为五个区域：菜单栏、素材面板、播放器、功能面板、时间线，如图 6-42 所示。

图 6-41　初始界面

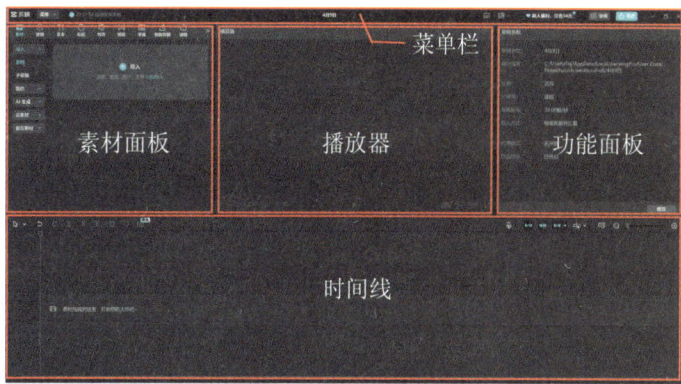

图 6-42　剪辑界面

② 剪映中新建项目标题默认为"×月×日"（当前系统时间），为了后续方便查找文件，单击标题处，输入宣传片名称"低碳生活 青春行动"，如图 6-43 所示。

③ 在素材面板中单击"导入"按钮，选择"宣传片素材"文件夹内的音频和视频文件，如图 6-44 所示。单击"打开"按钮导入素材，导入完成后所有素材会显示在素材面板上，如图 6-45 所示。如果素材数量多的话，可以在素材面板处右击，在弹出的快捷菜单中选择"新建文件夹"命令，对素材进行归纳整理。

图 6-43　更改文件名

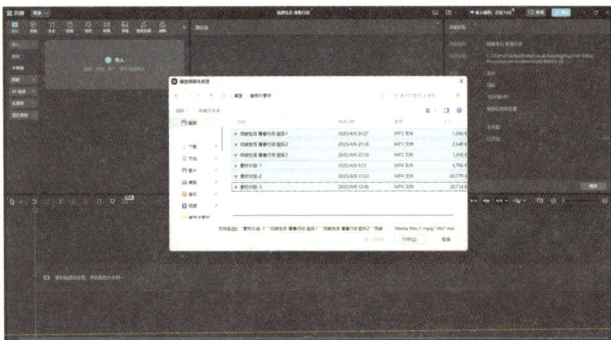

图 6-44　导入素材

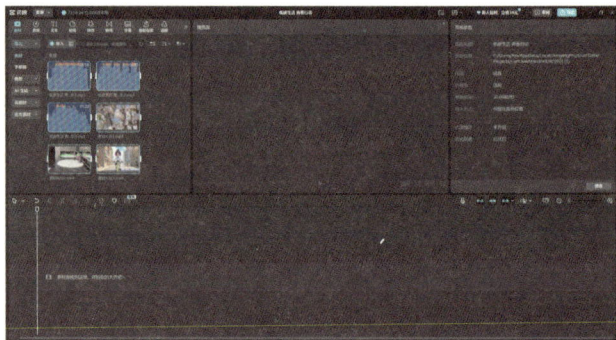

图 6-45　导入完成

④　将视频素材按照编号顺序拖动到时间线上，对照播放器，移动时间线上的播放头到"00:01:25:00"处。单击素材面板上方的"文本"→"默认文本"按钮，在右侧的"文本"功能面板内修改文字内容为"低碳生活 青春行动"，如图 6-46 所示。在"文本"功能面板的基础菜单内，可以调整文字的字号、位置、颜色等基础信息，这里选择默认即可。

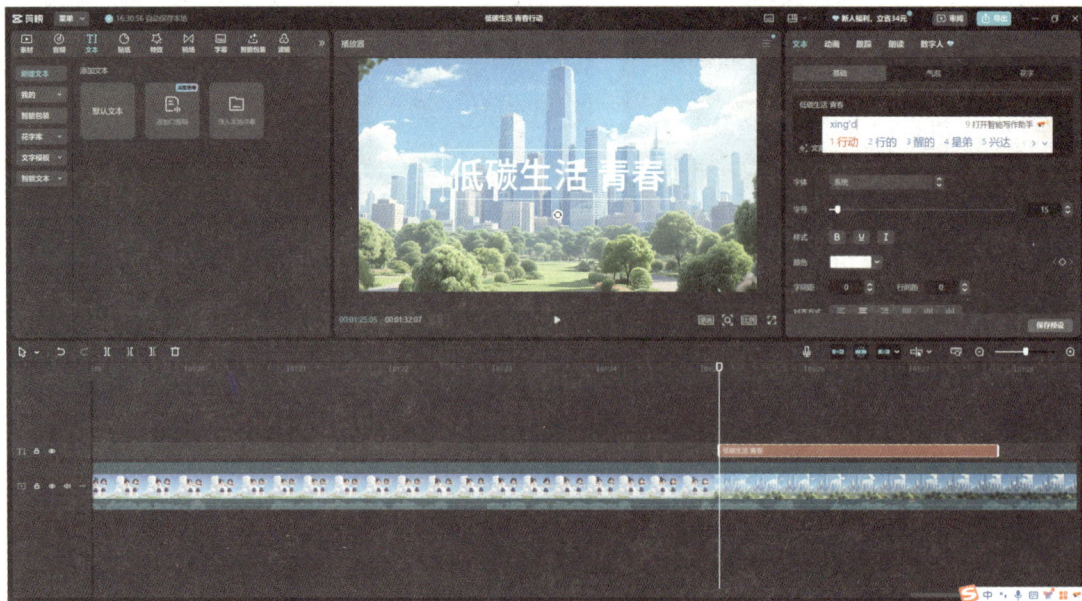

图 6-46　添加文本

⑤　在"文本"功能面板中，单击"花字"选项卡，选择一款与背景色调协调的花字效果，

如图 6-47 所示。

⑥　在功能面板内，单击上方的"动画"选项卡，选择"波浪弹入"效果。

⑦　在时间线上选中文本素材，然后播放画面，听到"低碳生活 青春行动"的配音后暂停，将文体素材的后端拖动到与播放头持平的位置，使文字的出现时间与声音匹配，如图 6-48 所示。以同样的方法，制作后一句"每一个选择都是改变世界的力量"。

图 6-47　花字效果设置

图 6-48　动画效果及时长设置

⑧　将播放头移到"片段 1"和"片段 2"衔接处，单击素材面板上方的"特效"按钮，搜索"方形开幕"特效，拖曳特效到时间线"片段 2"的开头处，播放视频并检查衔接是否流畅，如图 6-49 所示。

⑨　将播放头移到"片段 2"和"片段 3"衔接处，单击素材面板上方的"转场"按钮，选择"立方体"转场效果，拖曳效果至时间线"片段 2"和"片段 3"衔接处，播放视频检查效果时长是否合适，如不合适可拖曳调整时长，如图 6-50 所示。

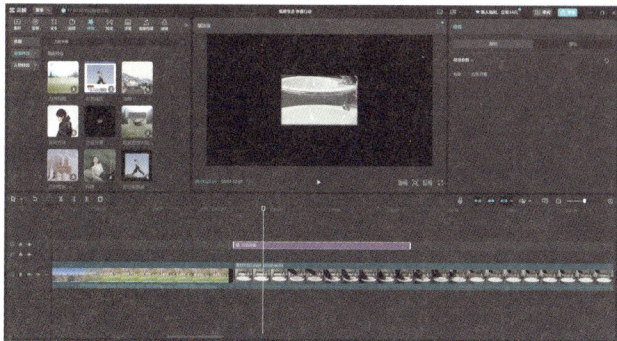

图 6-49　特效效果设置

图 6-50　转场效果设置

⑩　画面效果基本编辑完成，开始进行配乐编辑。配乐要与画面相契合，将素材面板中的"配乐 1"拖至时间线，将播放头移到"00:00:21:07"节拍卡点处，单击时间线上方的"分割"按钮，如图 6-51 所示，将素材"配乐 1"截为两段，使后一段开头与画面"片段 2"齐平（如图 6-52 所示）。

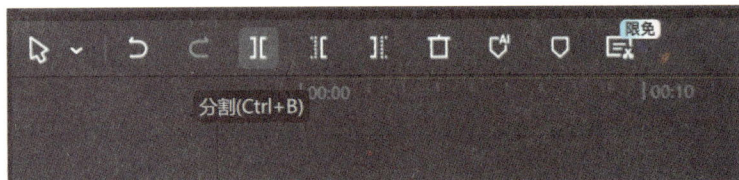

图 6-51　"分割"按钮

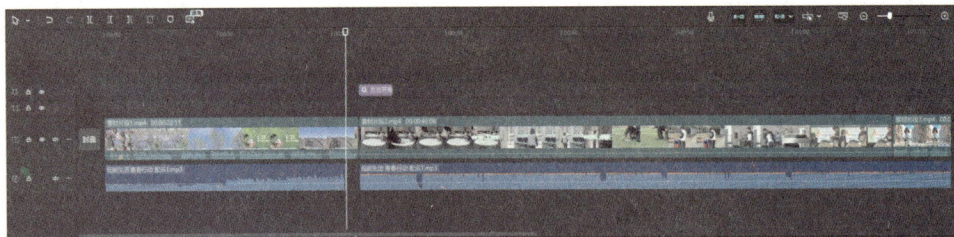

图 6-52　素材分割

⑪ 为了使配乐衔接更加自然，可以对"配乐 1"进行变速处理。单击功能面板上方的"变速"选项卡，将"配乐 1"时长调至与"片段 1"一致，播放视频确认效果，如图 6-53 所示。

图 6-53　变速调整

⑫ 将播放头移到"片段 2"和"片段 3"衔接处，再次分割"配乐 1"，并将"00:01:08:19"后的"配乐 1"素材删除。选中与"片段 2"相对应的"配乐 1"素材，在功能面板"基础"选项卡中设置"淡出时长"为"2.0s"，如图 6-54 所示。从另外两个配乐素材中选择一个适配素材，拖到"片段 3"开头处，认真聆听音乐，采用上述方法添加最后一段配乐，如图 6-55 所示。至此，宣传片已基本完成，可伴随播放观看再次进行微调。

⑬ 单击"菜单栏"右侧的"导出"按钮，再次确认文件名称、存储位置等内容，在此处可以单击"前往选择"选项，为视频选择一帧图像作为视频封面，确认无误后单击"导出"按

钮，如图 6-56 所示。

图 6-54　淡出时长设置

图 6-55　配乐效果

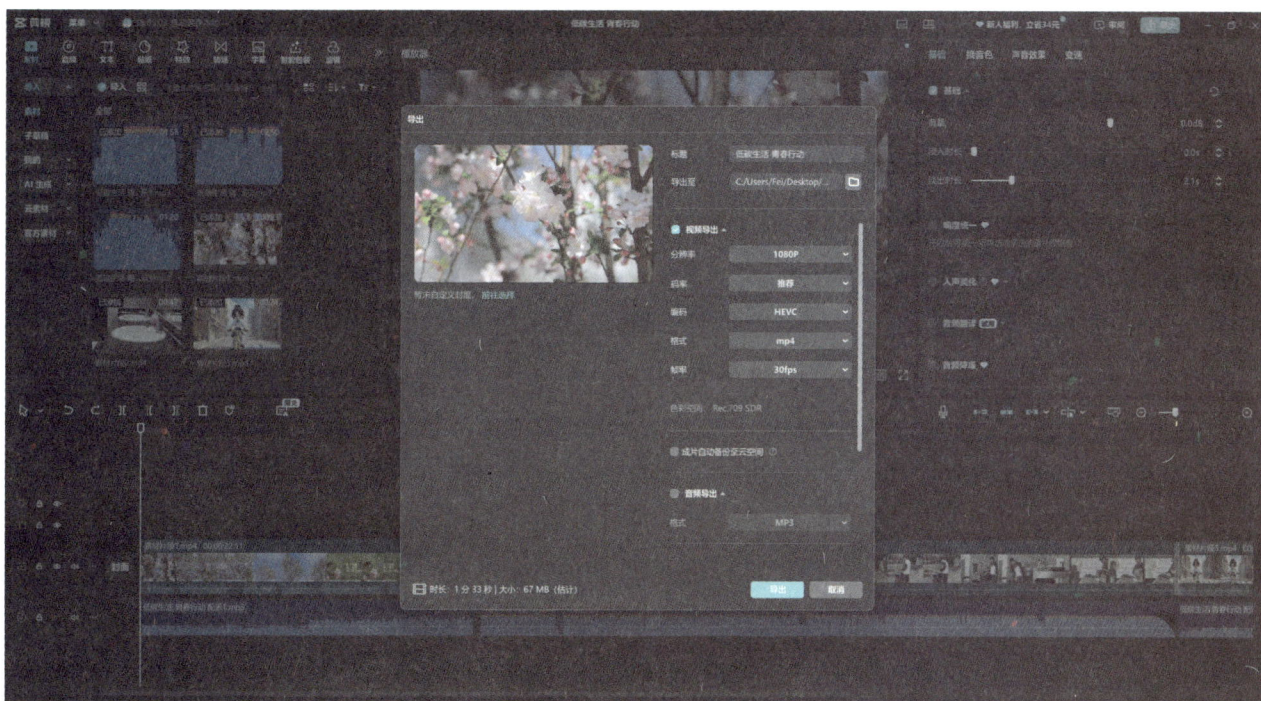

图 6-56　导出界面

💬 说一说

结合《低碳生活，青春行动》宣传片的制作，谈一谈对低碳生活的认识。

任务4　初识虚拟现实与增强现实技术

虚拟现实技术和增强现实技术是当代数字技术的典型代表。虚拟现实技术利用计算机模拟产生三维虚拟世界，而增强现实技术不同于虚拟现实技术，它通过计算机将虚拟物体信息叠加到真实世界的场景之上，使虚拟信息与现实环境融合，从而增强用户对现实世界的感知和交互能力。初识虚拟现实与增强现实技术思维导图如图6-57所示。

图6-57　初识虚拟现实与增强现实技术思维导图

◆ **任务情景**

完成两个数字媒体作品的制作后，小华已经基本掌握了数字媒体作品的制作方法与过程。

还有哪些数字媒体技术可以强化作品的效果呢？小华想起，前段时间堂哥领着他游览故宫时，参观了"故宫端门数字馆"。"故宫端门数字馆"是国内第一家将古代建筑、传统文化与现代科技完美融合的全数字化展厅。当时，小华还利用高科技"试穿"了明清宫廷里的衣服，观看了全景影片，并"置身"于宫殿中。这些都让小华大开眼界、收获颇丰，让他有身临其境之感。他在想这些高科技是不是也属于数字媒体技术呢？

◆ **任务分析**

小华查阅了多种资料，了解到"故宫端门数字馆"运用了多种虚拟现实技术，给观众带来了不一样的故宫游览体验。

虚拟现实技术是当今数字媒体技术的热点之一，该技术融合图形、传感器、网络、人工智能等技术，属于多技术交叉的研究领域。虚拟现实技术与实际应用的有机融合，不仅提升了应用对象的表现力，也提供了交互的环境，使人们享受沉浸式体验。虚拟现实技术在新闻、教学、医疗、社交、娱乐等多个行业和领域已得到具体和广泛的应用，正逐渐深入人们生活的各个方面，成为数字媒体技术的重要支撑手段。

6.4.1　了解虚拟现实技术的概念

小华在电影院观影，动感座椅自动随影片播放画面而上下起伏，四周特效设备向他展现风、雨、雷、电等特效的场景，小华如身临影片环境之中，得到沉浸其中的快乐体验。

哪些技术强化了小华的观影感受？什么是虚拟现实技术？带着这些疑问，小华开始了虚拟现实技术的探究学习。

1. 了解虚拟现实技术的概念

虚拟现实技术（Virtual Reality，VR），是一种可以使人以沉浸方式进入和体验人为创造的虚拟世界的计算机仿真技术。该技术通过计算机生成模拟环境，实现用户沉浸体验。与传统的虚拟仿真技术相比，虚拟现实技术的主要特征是用户能够进入一个由计算机系统模拟的交互式三维虚拟环境中，用现实方式与虚拟环境进行交互操作，从而有效地扩展认知手段和应用领域。

2. 了解虚拟现实系统的组成

一般的虚拟现实系统主要由计算机系统、虚拟现实交互设备、虚拟现实工具软件、数据库等组成。

（1）计算机系统。

在虚拟现实系统中，计算机系统负责虚拟世界的生成和人机交互的实现，是虚拟现实系统的心脏，处于核心地位。由于虚拟世界是一个复杂的场景，系统很难预测所有用户的动作，也就很难实现在内存中存储所有相应的状态。因此，在应用中，虚拟环境需要实时绘制和立即删除，相应的计算量大大增加，这就对计算机系统的配置提出了极高的要求。

（2）虚拟现实交互设备。

在虚拟现实系统中，为了实现人与虚拟世界的自然交互，必须要求用户采用自然的方式与虚拟世界进行互动。传统的鼠标和键盘无法实现，需要采用特殊的交互设备，以识别用户各种形式的输入，并实时生成相应的反馈信息。目前，常用的交互设备有用于手势输入的数据手套、用于语音交互的三维声音系统、用于立体视觉输出的头盔显示等。

（3）虚拟现实工具软件及数据库。

虚拟现实工具软件可完成的功能包括：虚拟世界中物体的几何模型、物理模型、运动建模，三维虚拟立体声的生成，模型管理技术及显示技术，虚拟世界数据库的建立与管理等。虚拟世界数据库的主要作用是存储系统需要的各种数据，如地形数据、场景模型、制作的建筑模型等各方面信息。对于所有在虚拟现实系统中出现的物体，在数据库中都需要有相应的模型。

3. 了解虚拟现实技术的特点

从本质上说，虚拟现实技术就是一种先进的计算机用户接口，它通过给用户提供听觉、视觉、触觉等各种直观而又自然的实时感知交互，最大限度地方便用户的操作，减轻用户的负担。虚拟现实技术的 3 个特征分别是沉浸性、交互性、想象性。

（1）沉浸性。

沉浸性是指用户可以沉浸于计算机生成的虚拟环境中或投入计算机生成的虚拟场景中。理想的虚拟环境是用户借助 VR 设备，能够摆脱时间、空间的限制，完全沉浸在虚拟世界中并与之对话，达到用户难以分辨真假的程度。沉浸感来源于对虚拟世界的多感知性，除了常见的视觉感知，还有听觉感知、力觉感知、触觉感知、运动感知、味觉感知、嗅觉感知等。

（2）交互性。

交互性是指用户可以通过佩戴 VR 眼镜，借助手柄、摄像头或其他传感器的位置和动作追踪，实现与虚拟环境的实时互动，拉近与目标对象之间的距离，获取更逼真的感知效果。虚拟现实系统中的交互系统强调人与虚拟世界之间的自然交互。与传统的多媒体技术不同，人机之间交互不再使用键盘、鼠标，人们甚至感觉不到计算机的存在。

（3）想象性。

想象性是指以再现场景方式被动接收信息的同时，引导用户主动探索新的知识，产生新的感受和构想。虚拟环境为不同个体提供了个性化的想象空间。

4. 了解虚拟现实技术的应用

虚拟现实技术在各个领域都有着很好的发展前景，许多国家都在大力研究、开发和应用这一技术，并积极探索其在各个领域中的应用。

（1）军事与航空航天。

虚拟现实技术在军事与航空航天上的应用，是该技术快速发展的强力催化剂。在军事领域借助虚拟现实技术的立体感和真实感，可以搭建近似于真实战场的虚拟环境，士兵或受训人员通过佩戴虚拟现实设备进入虚拟战场，沉浸体验在实时战场中的情形。这种训练方式不仅能提高作战能力，还能降低军费开支，保证训练安全。

航空飞行是一项耗资巨大、非常复杂的系统工程，其安全性、可靠性是航天器设计时必须考虑的重要问题。因此，利用虚拟现实技术与仿真理论相结合的方法进行飞行任务或操作模拟，可代替某些真实实验或是进行某些真实实验无法进行的训练。

（2）教育和培训。

虚拟现实技术是推动教育变革的一项关键技术，它能解决教学内容和知识之间的可视化问题，使教学对象更形象生动，也便于直观呈现教学内容，增加学生学习的积极性和主动性。目前，在很多学校都设有虚拟现实技术研究和实验中心，实现情境化学习，为学生提供更加全面的学习资源，同时也提升了教学效率和质量。此外，将虚拟现实技术应用于技能培训，可以强化动手能力，也更加安全有效，且可大大节约教学成本。

（3）电子商务。

传统网站的表现形式有限，在电脑屏幕上所展示出来的信息也不全面，用户缺少直观的体验。通过虚拟现实技术构建虚拟商城，可全方位展览商品，展示商品的功能，使用户进入虚拟商城就像现实生活中的逛商场一样，这样既强化了购物体验，也方便选择需要的商品，节约购物时间。

（4）医学。

在医学领域，虚拟现实技术的应用大致有两个方面：一个是基于虚拟人体模型的虚拟现实交互系统，即构建虚拟的三维人体模型，让学生通过手势、语音等命令对模型进行操作。虚拟人体模型能够让学生进行模拟解剖操作，使学生在操作时获得真实信息反馈，相比传统的解剖操作，不但成本低，还没有时间、场地等限制。另一个是虚拟手术的虚拟现实交互系统，用于远程指导手术。在远程医疗过程中，医生可以借助虚拟显示技术和网络技术远程操控手术机器人或是指导另一端的医生完成手术。此外，虚拟现实技术还可以通过构建虚拟环境，辅助进行心理治疗。

（5）工业。

虚拟现实技术改变了传统工业设计费时、费力、单一的方法，将产品造型通过计算机仿真技术还原出来，在三维空间应用虚拟现实技术展示产品功能、品质和外观，让人们直观了解和感受设计成果。在设计的过程中通过技术模拟产品功能、质量和造型等，也能发现产品的不足，及时进行修正，降低了直接投产的风险。

（6）影视娱乐业。

在影视娱乐业中，虚拟现实技术的应用最为广泛，从早期的立体电影到现在的高级沉浸式游戏，都或多或少地涉及相关技术。运用虚拟现实技术可以摆脱时间和空间的束缚，任何一个无法在实地取景的场景，都可以通过虚拟现实技术实现。丰富的感知能力与三维显示世界，使得虚拟现实技术成为理想的视频游戏制作工具。

> **说一说**
>
> 虚拟现实技术在生产、生活中的应用案例。

6.4.2　体验虚拟现实技术

在虚拟现实的环境中，感觉就像是置身于一个逼真的虚拟世界，从视觉到听觉，都能给用户带来强烈的感官体验冲击。虚拟现实环境中的画面具有广阔的视野，体验者通过头部运动可以多角度观察和探索虚拟场景。故宫博物院推出的"V 故宫"项目，正是利用虚拟现实技术，为公众提供了一种全新的文化体验方式。

"V 故宫"通过三维数据可视化技术，在数字世界再现金碧辉煌的紫禁城。用户可佩戴 VR眼镜沉浸式欣赏，真正"走进"养心殿、倦勤斋等标志性建筑，甚至体验虚拟复原的未对公众开放的区域。若无 VR 眼镜，用户也可以裸眼通过普通屏幕 360°漫游，同样能够感受到故宫的历史和文化魅力。

小华了解到"V 故宫"项目后，决定利用周末时间体验这一虚拟现实技术。他在微信小程序中搜索"故宫博物院"，进入小程序主界面，如图 6-58 所示。随后点击"V 故宫"图标，在

"V故宫"界面中选择自己感兴趣的建筑进行参观，如图6-59所示。小华选择"养心殿"作为本次探索的起点，如图6-60所示。

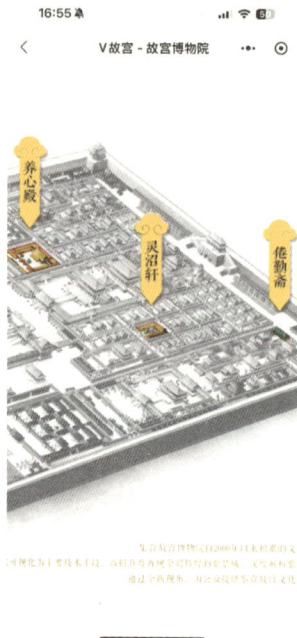

图 6-58

"故宫博物院"小程序主界面

图 6-59

"V故宫"界面

图 6-60

"养心殿"初入界面

点击"开始"按钮后，伴随着悠扬的音乐声，小华"来到"了养心殿的门外，在这个界面，小华发现右下角有两个选项，可以自由切换"VR模式"或"全景模式"。他首先尝试选用"全景模式"进行初步探索，如图6-61所示。通过手机屏幕，他可以360°漫游养心殿，观察建筑的细节和历史场景。

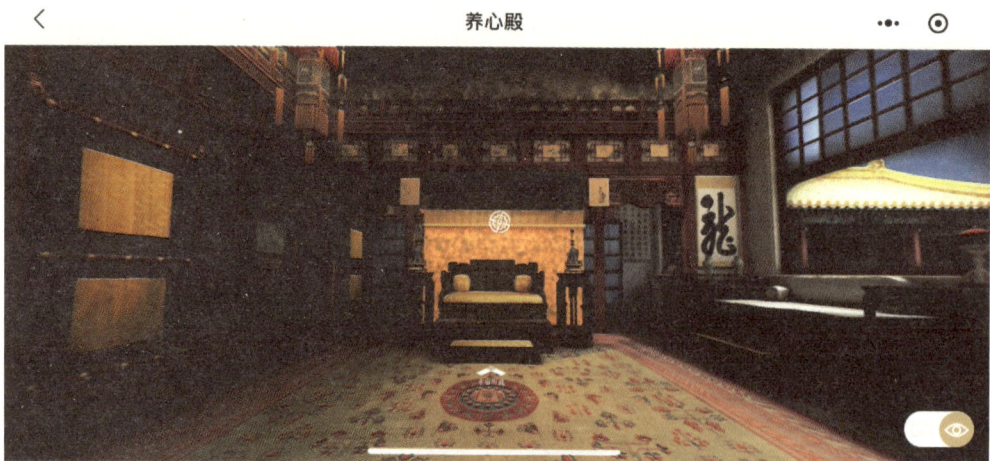

图 6-61　全景模式

随后小华佩戴了VR眼镜，体验到更强的沉浸感，仿佛置身故宫之中，甚至可以与虚拟场

景中的文物进行互动。使用前需将手机固定于 VR 眼镜的显示舱内，固定及佩戴效果如图 6-62
所示。

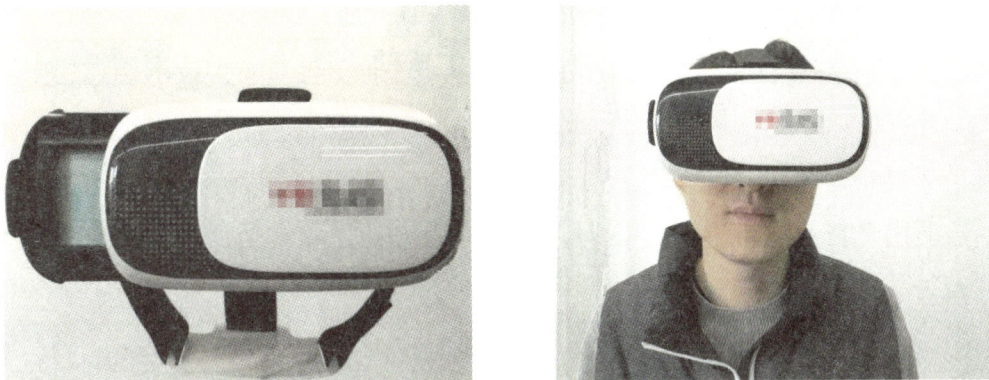

图 6-62　用户放置手机及佩戴 VR 眼镜效果

通过体现"V 故宫"，小华不仅感受到了虚拟现实技术的强大，还对故宫的历史和文化有
了更深入的了解。这种方式不仅让用户在视觉上得到了满足，更在知识层面上得到了提升。

> 💬 **说一说**
>
> 虚拟现实技术给人们的生活带来哪些改变？

6.4.3　了解增强现实技术

小华在学习虚拟现实技术的同时了解到，还有增强现实技术可以使用。增强现实技术是一种
与虚拟现实技术密切相关但独立发展的技术，它通过将计算机生成的虚拟信息叠加到真实世界中，
实现对现实环境的增强展示。尽管虚拟现实技术面临设备成本高、三维建模复杂等挑战，但增强
现实技术并非因此而产生。增强现实技术是计算机图形学与人机交互领域的重要发展方向，也是
近年来研究的热点技术，受到广泛关注，许多公司已陆续推出基于增强现实技术的相关产品。增
强现实技术能够提高用户对现实世界的感知能力，进一步优化人机交互的感知体验。

1. 了解增强现实技术的概念

增强现实（Augmented Reality，AR），是通过计算机系统提供的信息增加用户对现实世
界感知的技术，它是将计算机生成的虚拟物体、场景或系统提示信息叠加到真实场景中，
实现"增强"效果。增强现实技术是强化真实世界信息和虚拟世界信息内容之间融合能力
的新技术。

2．了解增强现实技术与虚拟现实技术的差别

增强现实技术是随着虚拟现实技术的发展而产生的，其基本软硬件构成与虚拟现实技术十分相似。因此，两者之间存在着不可分割的联系，同时也有着显著区别。

一是增强现实技术与虚拟现实技术对沉浸感要求不同。虚拟现实技术侧重用户在虚拟环境中的视觉、听觉、触觉等感官的完全浸入，强调将用户的感官与现实世界绝缘而沉浸在一个完全由计算机控制的信息空间之中。而增强现实技术致力于将计算机产生的虚拟环境与真实环境融为一体，强调用户在现实世界的存在性，并且努力维持其感官效果的不变性，增强用户对真实环境的理解。

二是虚拟现实需要通过对虚拟空间的设置实现虚拟图像的呈现，而增强现实技术则是用现实空间与图像信息重叠，使视网膜成像出现一定的视距差，并以此形成图像处理循环，为呈现三维图像提供有效空间。

三是增强现实技术可缓解虚拟现实技术建立逼真虚拟环境时，对系统计算能力的苛刻要求，在一定程度上降低人与环境自然交互的要求。

四是增强现实技术与虚拟现实技术的应用领域各有侧重，但并不完全分离。虚拟现实技术广泛应用于军事仿真、工程设计、教育、娱乐等多个领域；而增强现实技术则在辅助教学与培训、军事侦察及作战指挥、医疗、零售、游戏等领域展现出巨大潜力。

3．了解增强现实技术的应用现状

随着计算机及移动设备性能不断提升，增强现实系统的各项核心技术也在不断优化，增强现实技术逐渐成功地应用于多个领域。

在医疗领域，增强现实技术应用于手术与培训，在患者进行手术时，医生可以看到病人身上实时 MRI 和 CT 图像，降低手术风险，提升手术成功率；在医疗教育中，增强现实技术可应用于手术模拟、人体器官学习等，极大地提升了教学效果。

在教育领域，增强现实技术能够真正实现"情景式学习"，加深学习者对学习内容的理解，给学习者提供动手操作的机会，提升实践动手能力，提高学习者的参与度。

在军事领域，军队可以利用增强现实技术进行方位识别，可实时获得所在地点的地理数据等重要军事数据，提升军事活动的成功率。

在电视转播领域，通过增强现实技术可以在转播体育比赛的时候，实时将辅助信息叠加到画面中，让观众得到更多的信息。

在游戏领域，谷歌公司开发的 Ingress、任天堂公司开发的 Pokemon Go，将增强现实技术应用于游戏，使全球不同地点的玩家进入一个共同的场景，极大提升了游戏的趣味性与真实性。

虚拟现实技术和增强现实技术都是科技发展的产物。随着设备性能的提升与核心技术的优化，它们终将会影响人们生活的方方面面，为人们的生活带来无限可能。

💬 **说一说**

增强现实技术在生产、生活中的应用案例。

6.4.4　体验增强现实技术

与虚拟现实技术相比，增强现实技术的应用范围更加广泛，增强现实技术不仅可以使用户感知到虚拟对象，同时也能够感知外部的真实环境。小华利用移动设备下载并安装了增强现实技术的软件，想通过亲身体验，了解增强现实技术的应用，更好地理解增强现实技术。

增强现实技术就是在现实环境中加入虚拟对象，将计算机生成的虚拟对象叠加到用户所处的真实环境中，使用户对真实环境的感知得到进一步"增强"，从而体验到现实和虚拟结合带来的更加震撼的视觉效果。增强现实技术的目标是让用户感受到虚拟物体呈现的时空与真实世界一致，让虚拟对象看起来像是真实世界的一部分。

本节学习如何制作"春天来了"AR 视频，具体操作步骤如下。

① 在移动设备中下载并安装 AR 软件"神奇 AR"，如图 6-63 所示。

② 点击"神奇 AR"图标进入软件主界面，如图 6-64 所示。

③ 在主界面中，点击"剧场模式"，进入视频编辑主页面。点击主页面上方的"更换场景"，选择"雪山"进行下载，主界面变成"雪山"背景。改变移动设备的方向和角度，可以为画面背景选择不同的景色，如图 6-65 所示。

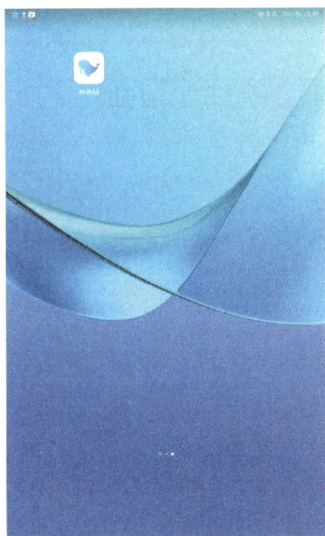

图 6-63　下载"神奇 AR"软件　　图 6-64　"神奇 AR"软件主界面　　图 6-65　"雪山"背景

④ 打开主页面下方的"模型"图标，在"推荐"中选择"绿叶飘落"效果进行下载，如

图 6-66 所示。

⑤ 下载完成后，"绿叶飘落"的播放效果在主界面中播放，如图 6-67 所示。

⑥ 打开主页面下方的"3D 文字"图标，在文字编辑栏中输入"冬天来了，春天还会远吗？"文字，如图 6-68 所示。

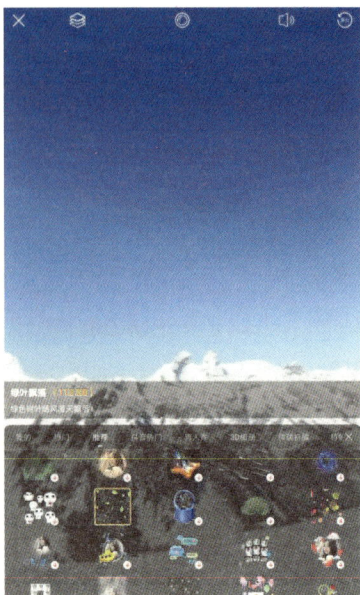

图 6-66 选择"绿叶飘落"效果　　　图 6-67 "绿叶飘落"播放效果　　　图 6-68 输入文字

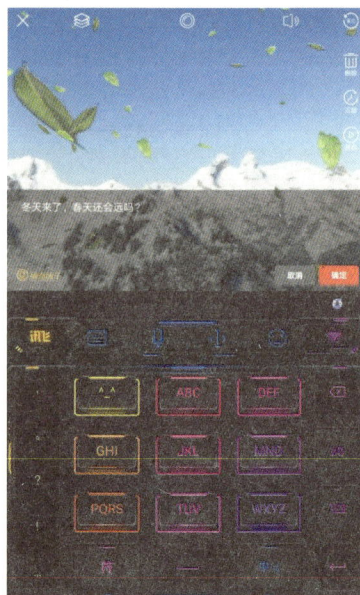

⑦ 点击"确定"按钮，在"字体颜色"中选择"绿色"，如图 6-69 所示。

⑧ 在"字体样式"中选择一种样式进行设置，如图 6-70 所示。

⑨ 在"展示方式"中选择一种方式进行设置，如图 6-71 所示。

图 6-69 设置字体颜色　　　图 6-70 设置字体样式　　　图 6-71 设置展示方式

⑩ 手指拖动文字到合适位置，显示 3D 文字效果，如图 6-72 所示。

⑪ 点击界面下方的"动图"图标，在"热门"中选择"祝大家新年好"的动画效果，如图 6-73 所示。

⑫ 将选中的动画效果添加到主界面中，点击界面"视频"中的白色圆圈，对 AR 项目进行保存。播放动画效果如图 6-74 所示。

图 6-72　3D 文字效果展示　　　　图 6-73　添加动画效果　　　　图 6-74　播放动画效果

⑬ AR 项目保存后，视频主界面"保存"按钮右上方的白色对号变为红色对号，点击红色对号，保存和编辑页面，如图 6-75 所示。

⑭ 点击"编辑"图标，打开编辑页面，如图 6-76 所示。

⑮ 在"音乐"选项中，从音乐库中选择《欢乐中国年》作为背景音乐，下载完成后点击"使用音乐"按钮，如图 6-77 所示。

图 6-75　保存和编辑页面　　　　图 6-76　打开编辑页面　　　　图 6-77　选择音乐

⑯ 返回编辑界面，点击"确定"按钮，完成背景音乐的添加，返回至保存和编辑页面。在保存和编辑页面中，点击红色下载图标，将作品保存到移动设备中。点击绿色微信图标，将作品分享到微信中。

说一说

增强现实技术给人们的生活带来哪些改变？

考 核 评 价

序　号	考核内容	完全掌握	基本了解	继续努力
1	了解数字媒体技术及其应用现状；了解数字媒体文件的类型、格式及特点，会获取文本、图像、音频、视频等常见数字媒体素材，会进行不同数字媒体格式文件的转换；了解数字媒体信息采集、编码和压缩等技术原理；了解我国数字媒体技术的发展，增强民族自豪感，提升知识产权保护意识			
2	掌握编辑音视频素材的基本方法，会对图像、音频、视频等素材进行简单编辑、处理；会制作包含文字、声音、图片元素的动画；培养精益求精的工匠精神			
3	了解数字媒体作品设计的基本规范，会集成数字媒体素材制作简单的数字媒体作品；发现美，表现美，弘扬中华优秀传统文化，激发向上正能量			
4	初步了解虚拟现实与增强现实技术；会使用虚拟现实与增强现实技术工具，体验应用效果；感受科技改变生活，坚定文化自信			
收获与反思	通过学习，我的收获： 通过学习，发现的不足： 我还需要努力的地方：			

本 章 习 题

一、选择题

1. 数字媒体技术与传统媒体技术相比最大的特点是_____。

    A．数字化   B．多样性   C．集成性   D．交互性

2. Photoshop 文件的扩展名是_____。

    A．.psd   B．.pds   C．.pdt   D．.pcd

3. BMP 是_____的数字媒体。

    A．图形图像格式   B．文本格式

    C．音频格式   D．视频格式

4. _____属于连续媒体。

    A．文本   B．报纸   C．图片   D．音频

5. 下列活动中_____不属于多媒体技术应用。

    A．计算机辅助教学   B．电子邮件

    C．远程医疗   D．视频会议

6. 下列选项中属于网络影像视频格式的是_____。

    A．AVI   B．MPEG   C．ASF   D．MOV

7. _____是数字图像的输入设备。

    A．数字相机   B．光笔   C．数字化仪   D．CCD

8. 下列软件中不是音频专业处理软件的是_____。

    A．Cool Edit   B．Adobe Audition

    C．AutoCAD   D．Vegas Audio

9. 在计算机中播放音频文件必须安装的设备是_____。

    A．网络适配器   B．视频卡   C．声卡   D．光驱

10. 模拟音频处理设备不包括_____。

    A．音箱   B．话筒   C．模拟调音台   D．声卡

11. 下列图像格式中全部是位图格式的是_____。

    A．PSD BMP JPEG   B．JPEG GIF CDR

    C．GIF   CDR DWG   D．DWG EPS DXF

12．下列选项中属于网络影像视频格式的是_____。

　　A．AVI　　　　　　B．MPEG　　　　　　C．ASF　　　　　　D．MOV

13．显示分辨率越高，矢量图形的外观效果就会越_____。

　　A．清晰　　　　　　B．光滑　　　　　　C．模糊　　　　　　D．锐化

14．_____软件不是数字视频常用的编辑软件。

　　A．Vegas　　　　　　　　　　　　B．Fireworks

　　C．Adobe Premiere　　　　　　　　D．Canopus Edius

15．下列叙述中错误的是_____。

　　A．数字视频技术只应用在电视节目、电影数字特效和网络视频这几个领域

　　B．数字视频编辑素材文件可以是无伴音的 FLC 和 FLI 动画格式文件

　　C．时间线是视频剪辑的主要场所，用来按照时间顺序放置各种素材

　　D．捕捉视频是将设备输出的数字信号直接保存到计算机硬盘中

16．网络道德规范的主体是_____。

　　A．人　　　　　　B．计算机　　　　　　C．因特网　　　　　　D．电信公司

二、判断题

1．媒体的含义可以从传递信息的载体、存储信息的实体两个方面理解。（　　）

2．计算机可以直接对声音信号进行处理。（　　）

3．视频采集卡就是显卡。（　　）

4．CorelDRAW 是一个以设计排版印刷品、制作剪贴画为主的矢量绘图软件。（　　）

5．语音识别技术包括语音识别、语言语义理解、语音合成、声纹识别技术。（　　）

6．数字视频的优越性体现在可以不失真地进行无限次复制。（　　）

7．MAC 声音格式是苹果公司开发的声音文件格式，其扩展名为.snd。（　　）

8．当图像分辨率大于显示分辨率时，图像只占显示屏幕的一部分。（　　）

9．"即梦 AI"的动画绘图方式采用位图方式处理。（　　）

10．著名影片《侏罗纪公园》中运用了二维数字动画。（　　）

11．"亚运会片头"是我国第一个由计算机制作的动画片头。（　　）

12．虚拟现实技术包括建模、显示、三维场景交互 3 大技术。（　　）

13．数字媒体时代采用"互播"模式，强调"人人即媒体"，因此，在制作数字媒体作品时要注意传播正能量，有助于全社会更加清风正气。（　　）

三、操作题

1．选择一种获取音视频的方法，分别获取一个音频文件和一个视频文件，并保存在计算

机硬盘中。

2．使用 Windows 录音软件录制一首唐诗，要求有背景音乐。

3．使用"格式工厂"软件将获取的音频文件格式转换为其他文件格式。

4．使用"迅捷音频转换器"软件将一个音频文件分割为 3 个文件，然后将分割的 3 个文件合并为一个文件。将另一个音频文件中的一部分截取并生成一个新音频文件。

5．新建一个"剪影专业版"的项目文件，在素材库内添加 3 个名称分别为"图像""音频""视频"的文件夹，在这三个文件夹内分别导入 3 张图像、2 个音频和 2 个视频素材。

6．使用"剪影专业版"软件，制作一个"四季变换"的视频，该视频播放后，会依次以不同的转场展示几幅四季风景，在每个季节的第一张照片上添加季节标题，并配上音乐。

7．使用"剪影专业版"软件，制作一个"中国文字起源发展"的视频。该视频播放时，先播放一段视频，再以马赛克形式切换到另一段视频，然后又以缩小左移的方式切换到一张图片。

8．一渠绕群山，精神动天下。请为被誉为"世界第八大奇迹"的"人工天河"红旗渠制作宣传片。

9．自行选择软件，制作介绍中华优秀传统文化的短视频。

没有网络安全就没有国家安全，就没有经济社会的稳定运行，广大人民群众的利益就难以得到保障。

信息资源有别于其他资源，是可以同时被很多人共享使用的特殊资源，如果在信息存储、传输和使用的过程中，没有安全保护措施，就可能出现信息被截获、删除、篡改等危害事件。危害信息安全的因素有很多，如信息系统自身的不可靠、工作环境存在异常干扰、工作人员操作不当，或者人为恶意破坏等。由于危害信息安全的事件急剧增多，信息安全也因此成为世界各国关注的焦点。

应 用 场 景

场景 01

黑客攻击

2023 年 8 月以来，以祁某为首的黑客团伙开发勒索病毒程序，对杭州某医药公司实施渗透入侵、植入病毒、敲诈勒索等违法犯罪活动，导致该公司系统瘫痪而无法正常运营，造成严重损失。2024 年 1 月，浙江杭州公安机关抓获祁某等 4 名犯罪嫌疑人。

2017 年 6 月 1 日起施行的《中华人民共和国网络安全法》明确规定：国家采取措施，监测、防御、处置来源于中华人民共和国境内外的网络安全风险和威胁，保护关键信息基础设施免受攻击、侵入、干扰和破坏，依法惩治网络违法犯罪活动，维护网络空间安全和秩序。

我们要做知法守法的网络安全卫士。

场景 02

侵犯公民个人信息

在信息时代，个人信息保护已成为人民群众最关心、最直接、最现实的利益问题之一。2024 年 2 月，某安全科技有限公司员工吴某通过翻墙软件违规访问境外平台，并在该软件的"资源共享"内下载含有公民个人信息的文件存储至移动硬盘，并向他人提供下载渠道。经鉴定，被告人吴某非法获取的公民个人信息共计 1 亿余条。

最终，经杨浦区检察院提起公诉，法院以侵犯公民个人信息罪判处吴某有期徒刑一年六个月，缓刑一年六个月，并处罚金人民币二千元。

检察机关表示，侵犯公民个人信息罪中，对于"非法"的认定，可以将是否违反国家有关规定作为判断标准。根据《中华人民共和国计算机信息网络国际联网管理暂行规定》第六条第二款，任何单位和个人不得自行建立或者使用其他信道进行国际联网。吴某作为网络安全从业人员，明知无合法授权仍实施数据获取行为，其行为属于"非法获取"。

我国 2021 年颁布了《中华人民共和国个人信息保护法》，我们应严守相关法律法规，保障自身和他人信息安全。

场景 03

信息泄露

2023 年江苏某地公安网安部门对当地某医学检验机构检查时发现，该机构运营的医学检验信息平台存在 SQL 注入漏洞、弱口令等网络安全隐患，且未建立数据安全管理制度、未组织数据安全教育培训、未采取相应技术措施保障数据安全、未对其数据处理活动开展风险监测和定期风险评估，可致敏感业务数据泄露，涉嫌未履行数据安全保护义务。

公安机关依据《中华人民共和国数据安全法》第 45 条规定，对该机构予以行政警告并处罚款 10 万元。

《中华人民共和国网络安全法》明确规定：网络运营者应当采取技术措施和其他必要措施，确保其收集的个人信息安全，防止信息泄露、毁损、丢失。

我们不仅要守法，还要不断提升网络安全防范能力。

任务 1　了解信息安全常识

从社会学视角看，信息安全关乎国家安全、社会稳定与民族文化传承。从技术层面看，它涉及计算机科学、计算机网络、通信工程、密码技术、应用数学等多种学科，是综合性学科，内容广泛且技术复杂，因此也造成了信息安全保障的复杂性。了解信息安全常识思维导图如图 7-1 所示。

信息安全基础知识　　　　　　　　信息面临的安全威胁
信息安全现状　　　　了解信息安全常识　　　信息安全相关法律、法规

图 7-1　了解信息安全常识思维导图

◆　**任务情景**

某天中午，小华的父母匆忙赶到学校找班主任……

下午上课前，班主任来到班里，专门给同学们讲述了小华父母的遭遇。当天 11 点多，小华母亲接到自称校医的急促电话，称小华突发急病送医需住院治疗，因事发突然钱不够，让小华母亲速转 1 万元到指定账号。小华母亲惊慌失措，立刻使用手机转账，且赶紧联系小华父亲。因事出紧急，小华母亲忘记询问医院地址，回拨电话无人接听，只好急忙赶来学校。

看到小华安然无恙，小华父母才明白是遭遇了电信诈骗，他们立刻报了警。

班主任告诫同学们，并要求转告家长，谨防各类诈骗，遇事保持冷静，第一时间核实真伪。

小华听后非常气愤，也感到不解，骗子怎么会知道小华的学校？怎么知道小华的母亲和他母亲的电话号码？这些骗子被抓到后会受到怎样的惩罚呢？

◆　**任务分析**

班主任见许多学生都有和小华一样的疑问，于是耐心解释：小华及其母亲的信息遭泄露，骗子利用获取的信息和人们面对突发情况时的紧张心理进行犯罪活动。信息泄露会产生严重的后果，小到个人遭受损失，大到威胁国家安全。

信息安全是一项长期且复杂的社会系统工程，既需要管理者充分运用先进的管理手段和技术进行专项治理，也需要信息应用者增强安全防护意识、掌握安全应用技术，以保障信息在应用环节中的安全。具备信息素养的学生应该了解信息安全问题，树立保护信息安全的意识、肩负起相关责任，掌握相关技能。

小华深感责任重大，决心以案例为切入点，了解信息安全现状，掌握信息安全基本要求，了解信息安全法律、法规，全面、深刻地认识信息安全。

了解信息安全常识，是深入学习信息安全防护技术的基础，更是安全使用计算机网络的需要。

7.1.1 研讨危害信息安全的案例

1. 案例展示

小华上网收集了与信息安全相关的多个案例，并组织同学们进行深入讨论，希望大家提高对信息安全的认识，从中寻找到学习的切入点。

了解危害信息安全事件既是揭示信息安全重要性的基础，也是提高计算机网络用户对信息安全防护重要性认识的基础。通过案例研讨、有针对性的信息查询等手段，可以帮助学习者理解学习信息安全知识和提高信息安全防护技能的重要性。

案例 1：利用网络直播传播有害信息团伙案。

2024 年 3 月中旬，海淀警方接群众举报，称某直播平台有主播传播淫秽视频。接警后，海淀分局警务支援大队迅速行动，经调查，发现该公司多名主播均存在此类情况。民警立即成立攻坚小组开展多维度侦查，梳理团伙成员，固定相关证据。

2024 年 4 月中旬，民警锁定李某、魏某等 16 名重大作案嫌疑人并实施抓捕，最终将涉案人员全部抓获。起初，面对民警的讯问，李某等人还心存侥幸，但在大量的证据面前，李某等人不得不认罪伏法，如实供述自己的犯罪行为。

案例 2：国外情报机构对我国大型科技企业网络攻击事件。

国家互联网应急中心监测发现，自 2024 年 8 月起，我国某先进材料设计研究单位遭疑似国外情报机构网络攻击。攻击者利用我境内某电子文档安全管理系统漏洞，入侵该公司软件升级管理服务器，通过软件升级服务向 270 余台主机投递控制木马，窃取大量商业秘密信息和知识产权。

自 2023 年 5 月起，我国某智慧能源和数字信息大型高科技企业遭疑似国外情报机构网络攻击。攻击者借助多个境外跳板，利用微软 Exchange 漏洞，入侵控制该公司邮件服务器并植入后门程序，持续窃取邮件数据。同时，攻击者还以该邮件服务器为跳板，攻击控制该公司及其下属企业 30 余台设备，窃取大量商业秘密信息。

2. 信息安全名词术语

（1）信息安全。

信息安全是指信息不会被故意或偶然地非法泄露、更改、破坏，不会被非法辨识、控制，人们能有益、有序地使用信息。

（2）个人信息。

个人信息是以电子或者其他方式记录的与已识别或者可识别的自然人有关的各种信息，不包括匿名化处理后的信息。

个人信息的处理包括个人信息的收集、存储、使用、加工、传输、提供、公开、删除等。

（3）网络安全。

网络安全是指通过采取必要措施，防范网络遭受攻击、侵入、干扰、破坏、非法使用及意外事故，保障网络处于稳定可靠运行的状态，确保网络数据具备完整性、保密性、可用性。

（4）数据安全。

数据安全是指通过采取必要措施，确保数据处于有效保护和合法利用的状态，以及具备保障持续处于安全状态的能力。

（5）恶意程序。

恶意程序通常指带有危害意图或会产生干扰影响的程序代码片段，包括病毒、木马、勒索、后门等。

> **说一说**
>
> 加强信息安全意识的重要性。

7.1.2　了解信息安全的现状

在信息收集的过程中，小华发现危害信息安全的案例很多，危害者采用的方法和手段各异，造成的后果也有差别，所以有必要全面分析信息安全现状，为后续学习打好基础。

全面了解信息应用中的安全问题是实施安全防护工作的前提，也是预测信息安全防护技术发展的依据，更是有针对性地解决信息安全危害问题的重要基础。

1. 了解危及信息安全的主要问题

从已发生的互联网信息安全事件来看，虽然近年未发生较大规模的病毒威胁，也没有发生影响恶劣、损失严重的网络攻击事件，但信息安全形势依然严峻。

（1）网页仿冒问题依然棘手。

我国境内网站仿冒问题依然突出，仿冒者运用技巧和自动操作技术，借助热点、敏感问题强化仿冒网页的可信度。2025 年 3 月 10 日—16 日，国家互联网应急中心处理了 31 起网页仿冒事件，主要集中在证券、政府、银行领域，统计数据如图 7-2 所示。2024 年，网信办处置违法违规仿冒诈骗类网站 518 个。其中，涉及仿冒教育部、财政部、人力资源和社会保障部等政府机关类网站平台 279 个。仿冒中国石化、中国一汽、国家电网等国有企事业单位类网站平台 83 个。仿冒腾讯、抖音、TCL 等民营企业类网站平台 41 个。仿冒《现代大学教育》《暨南学报》《铁道科学与工程学报》等期刊杂志类网站平台 115 个。

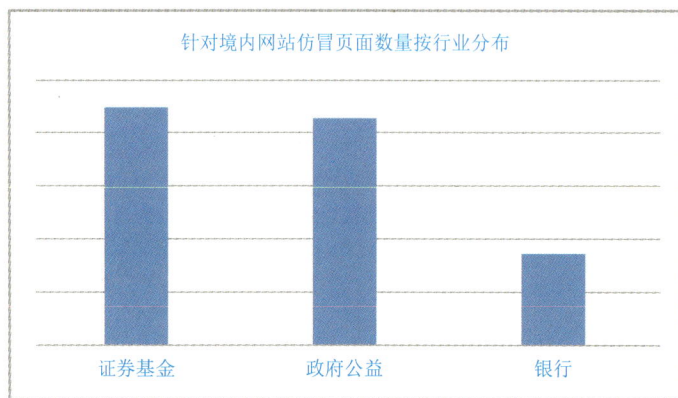

图 7-2　网页仿冒统计数据

（2）垃圾邮件影响正常应用。

国外曾有黑客组织向数百万用户发送包含恶意 JavaScript 脚本的垃圾邮件，收到邮件的用户通过 Hotmail 浏览时会在不知不觉中泄露账号。随着反垃圾邮件过滤技术的提高，全球垃圾邮件的比例显著下降，但电子邮箱用户仍会收到骚扰性垃圾邮件。

（3）数据泄露带来安全隐患。

影响较大的数据泄露事件有某邮件网站 10 亿个邮箱账户泄露、某招聘网站简历信息泄露等，凸显数据防丢失对数据拥有者的重要性。数据泄露事件的发生是由各种因素造成的，强化技术防护和管理防护十分必要。

（4）系统漏洞不容忽视。

2017 年互联网出现针对 Windows 操作系统的勒索软件攻击，利用 Windows SMB 服务漏洞进行，受害对象有高校、能源企业等重要信息系统。新发现的漏洞数量不断增加，危害程度也相当高，由此对网络应用安全构成了重大威胁。2025 年 1 月 13 日—19 日，国家信息安全漏洞共享平台（CNVD）共收集、整理信息安全漏洞 453 个，其中高危漏洞 221 个、中危漏洞 206 个、低危漏洞 26 个。

2. 了解网络恶意代码的整体形势

在巨大利益的驱使下，病毒制造者和病毒传播者利用病毒、木马技术进行各种网络盗窃、诈骗、勒索等活动，严重干扰计算机网络正常运行，需引起高度重视。

（1）恶意代码的主流是木马。

在恶意代码数量中，木马占绝大多数。在流行病毒中，主要以木马、后门为主。木马制造者通过盗取互联网上有价值的信息资料并转卖获利，其牟利目的十分明确。

（2）"挂马"成为恶意代码传播的主要手段。

"挂马"就是黑客通过各种手段获取管理员账号，修改网页加入恶意转向代码，使访问者进入网站后，自动进入转向地址或下载恶意代码。网站挂马成为恶意代码传播的主要手段，无论是主动或被动的挂马都为恶意代码的滋生和传播提供了有利的条件，当前相当数量的恶意代码变种来自这类网站。被挂马的网站覆盖新闻、软件下载、娱乐等各种网站，当用户使用存在安全漏洞的浏览器访问这些网站时，恶意代码便利用脚本下载并激活木马程序。

（3）恶意代码的自我保护能力增强。

一些新技术，如主动防御技术、磁盘过滤驱动技术、影像劫持技术、穿透还原卡或还原软件技术等被应用到恶意代码的编写中，使恶意代码从通过修改样本特征值以躲避查杀，逐渐过渡到直接与安全软件对抗。

（4）下载者病毒加剧了恶意代码传播。

下载者病毒具备从指定地址下载大量恶意代码的功能，使其成为恶意代码的快速输送者。网络用户的计算机一旦受到下载者病毒入侵，系统将会陆续下载安装几种甚至几十种病毒、木马等，种类几乎涉及所有流行的在线游戏盗号木马，危害极大。

（5）应用软件漏洞扩大了恶意代码传播途径。

随着操作系统安全性不断提高，恶意代码利用系统漏洞"施法"的空间越来越小，恶意代码制造者开始关注应用软件的漏洞。近年来，恶意代码除了利用 Windows 系统漏洞传播，开始综合利用各类应用软件的漏洞以扩大恶意代码传播途径，多数恶意代码利用两个及两个以上的漏洞传播。

（6）利用社会工程学传播恶意代码。

恶意代码制造者利用人们关注热点事件的心理或好友间的信任关系设陷阱，加速恶意代码传播，偶有出现的热点事件或将成为恶意代码传播的"帮凶"。他们将恶意代码伪装成热门电影、网络视频、照片等，借助高点击率诱骗用户点击下载，进而扩大传播范围。

💬 说一说

当前的信息安全形势。

7.1.3 掌握信息安全的基本要求

小华在明白了当前存在的信息安全问题后，开始思考如何解决这些问题，以及从哪些方面保证信息安全，还有信息安全涉及哪些内容等。

信息安全不仅涉及技术问题、管理问题，还涉及法学、犯罪学、心理学等问题，是一门由多学科综合形成的新学科。只有了解信息安全的基本要求，才能为构建安全可靠的应用环境做好准备。

1. 了解信息安全涉及的内容

信息系统是由设备实体、信息、人组成的人机系统，安全问题也应包括实体安全、信息安全、运行安全和安全管理等方面，涉及安全技术、安全管理、安全评价、安全产品、安全法律、安全监察等。

信息安全主要涉及信息存储安全、信息传输安全、信息应用安全 3 个方面，包括操作系统安全、数据库安全、访问控制、病毒防护、加密、鉴别等多类技术问题，可以通过保密性、完整性、真实性、可用性、可控性 5 种特性进行表述。

保密性：信息不会泄露给非授权对象。

完整性：信息本身完整，且不会在未授权时发生变化。

真实性：保证处理过程真实可靠。

可用性：合法对象能有效使用信息资源。

可控性：对信息资源能进行有效控制。

2. 了解信息安全控制层面

信息安全控制是复杂的系统工程，需要安全技术、科学管理和法律规范等多方面协同，并构建层次合理的保护体系，以保障信息安全。安全防护技术是保障实体、软件、数据安全的基础，安全管理是保障安全技术发挥作用的前提，法律规范是制约和打击危害信息安全行为的武器。所以，信息安全控制分为 4 个层面：实体安全防护、软件安全防护、安全管理和法律规范。

实体安全防护：对信息设备实体进行安全防护是保证信息安全的重要环节，是保证信息安全的基础。

软件安全防护：软件系统故障同样会导致信息安全问题，所以软件运行安全也是保证信息安全的基础。

安全管理：统计结果表明，70%以上的安全问题是由于管理不善造成的，真正由于技术原因出现的安全问题很少，由此可见，安全管理在保证信息安全中的作用极其重要。

法律规范：在发生安全问题前，安全法律有规范信息应用行为、威慑破坏行为的作用，是信息安全的法律保障。在发生安全问题后，安全法律是处理安全问题的法律依据。

说一说

信息安全问题为什么会涉及众多学科或领域？

7.1.4　了解信息安全相关法律、法规

小华对危害信息安全的行为非常痛恨，想了解国家对这些违法行为的处罚措施，同时也想进行信息安全法治宣传，进一步提高同学们的法治意识，让大家学会使用法律武器维护自己的合法权益。

随着信息、信息系统在国家安全、社会稳定、经济建设中的作用和地位不断提高，社会迫切需要调整、规范信息关系。为此，保护信息安全的法律、规范应运而生，并逐渐形成完整的法律、规范体系，以适应信息化社会有序发展的要求。

1. 了解信息安全保护的法律法规

自 1994 年我国开始计算机信息系统立法活动，到目前为止，已基本形成了较为完整的法律体系。关于信息安全保护的刑事立法可以归纳为以刑法典为中心，辅之以单行刑法、行政法规、司法解释、行政规章及其他规范性文件的框架体系。目前，我国惩治信息安全犯罪的现行主要法律文件如表 7-1 所示。

表 7-1　我国惩治信息安全犯罪的现行主要法律文件

类　别	文　件　名	年　份	颁布/发布单位
法律类	《全国人民代表大会常务委员会关于维护互联网安全的决定》	2000 年	全国人民代表大会常务委员会
	《中华人民共和国网络安全法》	2017 年	全国人民代表大会常务委员会
	《中华人民共和国密码法》	2020 年	全国人民代表大会常务委员会
	《中华人民共和国数据安全法》	2021 年	全国人民代表大会常务委员会
	《中华人民共和国个人信息保护法》	2021 年	全国人民代表大会常务委员会
	《中华人民共和国反电信网络诈骗法》	2022 年	全国人民代表大会常务委员会
	《中华人民共和国刑法修正案（十二）》	2024 年	全国人民代表大会常务委员会
行政法规类	《中华人民共和国计算机信息网络国际联网管理暂行规定》	1996 年	国务院
	《中华人民共和国电信条例》	2000 年	国务院
	《中华人民共和国计算机信息系统安全保护条例》（2011 修订）	2011 年	国务院
	《互联网信息服务管理办法》（2011 修订）	2011 年	国务院
	《关键信息基础设施安全保护条例》	2021 年	国务院
	《互联网上网服务营业场所管理条例》（2022 修订）	2022 年	国务院
	《中华人民共和国保守国家秘密法实施条例》	2024 年	国务院

类　别	文　件　名	年　份	颁布/发布单位
司法解释类	《最高人民法院关于审理扰乱电信市场管理秩序案件具体应用法律若干问题的解释》	2000 年	最高人民法院
	《最高人民法院、最高人民检察院关于办理侵犯公民个人信息刑事案件适用法律若干问题的解释》	2017 年	最高人民法院、最高人民检察院
	《最高人民法院、最高人民检察院关于办理非法利用信息网络、帮助信息网络犯罪活动等刑事案件适用法律若干问题的解释》	2019 年	最高人民法院、最高人民检察院
	《最高人民法院关于审理使用人脸识别技术处理个人信息相关民事案件适用法律若干问题的规定》	2021 年	最高人民法院
行政规章类	《计算机信息网络国际联网出入口信道管理办法》	1996 年	邮电部
	《计算机信息网络国际联网安全保护管理办法》	1997 年	公安部
	《中华人民共和国计算机信息网络国际联网管理暂行规定实施办法》	1998 年	国务院信息化工作领导小组
	《计算机信息系统国际联网保密管理规定》	2000 年	国家保密局
	《计算机病毒防治管理办法》	2000 年	公安部
	《互联网站从事登载新闻业务管理暂行规定》	2000 年	国务院新闻办公室、信息产业部
	《信息安全等级保护管理办法》	2007 年	公安部、国家保密局、国家密码管理局、国务院信息化工作办公室
	《工业和信息化领域数据安全管理办法（试行）》	2022 年	工业和信息化部
	《生成式人工智能服务管理暂行办法》	2023 年	国家网信办、国家发展改革委、教育部、科技部、工业和信息化部、公安部、广电总局
	《网信部门行政执法程序规定》	2023 年	国家网信办
	《促进和规范数据跨境流动规定》	2024 年	国家网信办
	《网络暴力信息治理规定》	2024 年	国家网信办、公安部、文化和旅游部、广电总局
	《人脸识别技术应用安全管理办法》	2025 年	国家网信办、公安部

2. 了解强制性国家网络安全标准

强制性标准是在一定范围内通过法律、行政法规等强制性手段加以实施的标准，具有法律属性，强制性标准可分为全文强制和条文强制两种形式。国家标准化管理委员会按照《中华人民共和国网络安全法》的要求和网络安全工作需要，从维护国家安全、用户利益出发，对网络产品、服务制定强制性国家网络安全标准。目前，我国网络安全等级保护主要标准性文件如表 7-2 所示。

表 7-2 我国网络安全等级保护主要标准性文件

类　别	文　件　名	年　份	发　布　单　位
网络安全等级保护 2.0 主要标准	《信息安全技术　网络安全等级保护测评过程指南》（GB/T 28449—2018）	2018 年	国家市场监督管理总局和国家标准化管理委员会
	《信息安全技术　网络安全等级保护测评机构能力要求和评估规范》（GB/T 36959—2018）	2018 年	国家市场监督管理总局和国家标准化管理委员会
	《信息安全技术　网络安全等级保护基本要求》（GB/T 22239—2019）	2019 年	国家市场监督管理总局和国家标准化管理委员会
	《信息安全技术　网络安全等级保护安全设计技术要求》（GB/T 25070—2019）	2019 年	国家市场监督管理总局和国家标准化管理委员会
	《信息安全技术　网络安全等级保护测评要求》（GB/T 28448—2019）	2019 年	国家市场监督管理总局和国家标准化管理委员会
	《信息安全技术　网络安全等级保护定级指南》（GB/T 22240—2020）	2020 年	国家市场监督管理总局和国家标准化管理委员会
数据安全主要标准	《信息安全技术　基因识别数据安全要求》（GB/T 41806—2022）	2022 年	国家市场监督管理总局和国家标准化管理委员会
	《信息安全技术　声纹识别数据安全要求》（GB/T 41807—2022）	2022 年	国家市场监督管理总局和国家标准化管理委员会
	《信息安全技术　汽车数据处理安全要求》（GB/T 41871—2022）	2022 年	国家市场监督管理总局和国家标准化管理委员会
	《信息安全技术　即时通信服务数据安全要求》（GB/T 42012—2022）	2022 年	国家市场监督管理总局和国家标准化管理委员会
	《信息安全技术　快递物流服务数据安全要求》（GB/T 42013—2022）	2022 年	国家市场监督管理总局和国家标准化管理委员会
	《信息安全技术　网上购物服务数据安全要求》（GB/T 42014—2022）	2022 年	国家市场监督管理总局和国家标准化管理委员会
	《数据安全技术　数据分类分级规则》（GB/T 43697—2024）	2024 年	国家市场监督管理总局和国家标准化管理委员会

3．了解信息安全保护的法律责任

法律规范对主体行为实施制约的强制性，具体表现为当主体行为违反了法律规范的规定后，一定要追究法律规范主体应当承担的相关责任。根据所触犯的法律规范类型和情节轻重，应当承担的责任大体分为刑事责任、行政责任和民事责任。

（1）网络应用中的刑事责任。

利用信息系统或信息知识作为手段，或者针对信息系统，对国家、团体或个人造成危害，依据法律规定，应当予以刑罚处罚的行为。

《中华人民共和国刑法》和《全国人民代表大会常务委员会关于维护互联网安全的决定》中关于计算机网络犯罪的直接或间接条款警示我们，在计算机网络活动中实施危害行为可能承担刑事责任，必须引起高度重视。

案例：徐某利用 QQ 尾巴等程序在互联网上传播其编写的 ipxsrv.exe 程序，先后植入 40000 余台计算机，形成 Botnet 僵尸网络。徐某操纵僵尸网络对某音乐网站发动多次 DDoS 攻击，致使该公司遭受重大经济损失，造成恶劣的社会影响。经法院审理认为：徐某的行为已构成破坏计算机信息系统罪。依照《中华人民共和国刑法》判处徐某有期徒刑一年零六个月；依法没收作案笔记本电脑、服务器、U 盘。

（2）网络应用中的行政责任。

违反计算机网络系统安全保护行政法规规定，主要是指违反有关计算机网络系统安全保护的法律、行政法规，以及地方性行政法规所规定的应负法律责任的内容。相关法规中有许多法律责任条目，旨在提醒计算机网络用户遵纪守法，否则将承担相应的法律责任。

案例：2024 年 12 月，浙江某公安机关工作中发现，浙江某软件科技公司受托搭建的数据库存在安全漏洞，数据库中承载的大量电子政务数据存在泄露风险。

经查，该公司主要为政府部门提供软件开发、信息系统建设和运维等服务。在与当地部分政府部门合作期间，该公司未对受托维护、处理的电子政务数据履行应尽的数据安全保护义务，未依法建立全流程数据安全管理制度，导致电子政务数据存在严重泄露风险，相关行为违反了《中华人民共和国数据安全法》。

公安机关依法对该公司和该公司负责人进行了行政罚款，并责令其依法依规履行数据安全保护义务。同时，依法约谈涉事政府部门相关负责人，通报委托处理电子政务数据活动中存在的安全问题，责令进一步加强数据安全管理和保护，严防数据泄露。

（3）网络应用中的民事责任。

"应当依法承担民事责任"是相关民事法律责任的原则性规定，也是对各种违反民事义务行为的概括性规定，满足民事法律责任构成要件的民事行为的行为人都要承担民事责任。一些具体的限制行为，在相关的法律法规中也有明确规定。

案例：2022 年 12 月 26 日最高人民法院发布了"李某某侵犯公民个人信息刑事附带民事公益诉讼案的指导性案例"。案情显示，李某某制作具有非法窃取他人相册照片功能的手机"黑客软件"，成功窃取包含人脸信息、自然人姓名、身份号码、联系方式、家庭住址等公民信息的照片 1751 张。后又在网上购买、分享包含各类公民个人信息 8100 万余条。

法院审理认为，李某某违反国家有关规定，非法获取并向他人提供公民个人信息，情节特别严重，其行为已构成侵犯公民个人信息罪，判处有期徒刑三年，并处罚金人民币一万元。李某某非法获取并向他人提供公民个人信息的侵权行为，侵害了众多公民个人信息安全，损害社会公共利益，应当承担相应的民事责任。

> 💬 **说一说**
>
> 在网上发布不负责任的言论需要承担什么后果？

任务 2　防范信息系统恶意攻击

近年来，信息系统遭受攻击的事件接连不断，黑客入侵的触角几乎无处不在，其社会危害性十分严重。由于黑客网站不断增加，使学习黑客技术、获得黑客攻击工具变得轻而易举。据报道，黑客每年给全世界造成的经济损失高达 100 亿美元，而攻击一个国家的政治、军事系统所造成的损失更是难以用金钱来衡量。防范信息系统恶意攻击思维导图如图 7-3 所示。

图 7-3　防范信息系统恶意攻击思维导图

◆ **任务情景**

小华经常参与学校计算机中心信息系统的管理和维护工作，协助老师进行软件升级、安装，自身计算机操作水平也不断提升。

一天，有老师反映，存储在学校服务器中的教学资料大量丢失，不知道是什么原因造成的，且不确定丢失的资料能否找回。

老师让小华帮忙查找原因。小华仔细检查了计算机信息系统，发现计算机中莫名增加了一些文件。他向老师请教，老师复查这些文件后告诉小华，学校的计算机系统受到了黑客的恶意攻击。

小华对"黑客"一词并不陌生，甚至还有些"崇拜"。老师发现小华对黑客的认识存在问题，认真引导说：你只看到了黑客的高技术手段，却没有深思其行为可能造成的后果。对学校老师而言，教学资料丢失会影响教学，如果是国家重要信息资料丢失，后果更是不堪设想。

◆ **任务分析**

小华认真反思了老师的话，意识到自己对黑客的认识仅仅停留在肤浅的表面，既不知道黑客到底采用什么手段侵入系统，也不知道黑客行为会造成什么危害。

因此，他决定从了解最基本的黑客行为入手，逐步深入，全面了解黑客恶意攻击手段，学习防范攻击的基本技能，学会安全管理方法，全力保障网络设施的安全运行。

7.2.1 了解黑客行为的危害性、违法性

小华最初从国外影视剧中知晓黑客，剧中黑客形象经过了艺术化处理。为深入了解黑客，小华从行为和后果两方面重新审视前期收集的安全案例，希望从中获得启发。

"黑客"一词来自英文 Hacker 的音译，在不同人群和环境中，也出现了不同的解释。媒体经常提及的黑客是指专门入侵他人系统进行不法行为的人。

1. 了解黑客行为的危害性

黑客行为形式多样，多具破坏性，有商业机密、国家和军事情报窃取，有巨额资金盗窃，也有严重破坏经济秩序、干扰经济建设、危及国家安全的入侵破坏行为。黑客行为主要表现形式有五种。

（1）非法入侵机密信息系统或金融、商业系统，盗取机密信息或商业信息，由此可能危害国家安全或造成重大经济损失。

（2）充当政治工具。攻击政府网络，在网上进行反政府、反社会活动，如在微博、朋友圈散布不当言论等。

（3）利用黑客手段在网络中肆意传播有害信息。如宣扬封建迷信、传播邪教言论、传播色情信息、教唆犯罪及传播其他一些危害国家安全、破坏社会安定的有害内容。

（4）获取别人隐私，破坏他人电子邮箱，攻击信息系统等。

（5）充当战争工具。在战争中利用黑客手段侵入对方信息系统，获取军事信息，发布假信息，传播计算机病毒，扰乱对方系统等。

2. 认识黑客行为的违法性

尽管许多黑客声称，侵入网络系统并不是要进行破坏活动，只是想探测网络系统中的漏洞，帮助完善系统。也有人称黑客行为多是恶作剧，甚至还有人把黑客行为分为"善意"探测和恶意入侵两种。然而现实情况绝非如此，许多黑客及黑客行为，已经不再是个人编程能力的"炫耀"，或小小的"恶作剧"，许多黑客行为毫无善意可言，而是一种极不道德的、违法犯罪的行为。在网络这个虚拟世界中，非法入侵就如同现实世界中私闯民宅，对此行为法律会予以严厉惩治。

中国计算机信息系统安全保护法律、法规对黑客行为有严格限制。

（1）根据公安部发布的《计算机信息网络国际联网安全保护管理办法》第六条的规定，任何单位和个人不得从事下列危害计算机安全的活动，其中第六条第一款所列的就是"未经允许，进入计算机信息网络或者使用计算机信息网络资源的"。显然，触犯此条规定就是违法。

（2）根据《中华人民共和国刑法》第二百八十五条的规定，对违反国家规定，侵入国家事务、国防建设、尖端科学技术领域计算机信息系统的，处三年以下有期徒刑或者拘役。即便侵入的是一般信息系统，如果造成严重后果，同样要受到刑罚处罚。显然，黑客行为达到一定程度就是犯罪。

（3）《中华人民共和国网络安全法》第七十五条规定，境外的机构、组织、个人从事攻击、侵入、干扰、破坏等危害中华人民共和国的关键信息基础设施的活动，造成严重后果的，依法追究法律责任。

3. 系统攻击中的名词术语

（1）安全漏洞。

安全漏洞是指信息系统中存在的不足或缺陷，有硬件、软件、协议实现疏漏导致的缺陷，也有安全管理策略不当造成的问题。

（2）网络攻击。

网络攻击是指利用信息系统自身存在的安全漏洞，非法进入网络系统或破坏系统，扰乱信息系统的正常运行，致使计算机网络系统崩溃、失效或错误工作。

（3）渗透测试。

渗透测试是测试人员通过模拟恶意攻击者的技术和方法，来评估计算机网络系统安全的一种评估方法。整个过程包括对系统任何弱点、技术缺陷或漏洞的主动分析及利用。

> **说一说**
>
> 为什么说黑客的行为是违法的？

7.2.2 防范恶意攻击

小华清楚地知道，老师信息资料丢失是由恶意攻击引起的，如何防范类似事件再次发生，成为小华需要解决的重要问题。

防范恶意攻击的前提是了解攻击，了解网络攻击方法、原理、过程才能有针对性地采取应对措施，才能有效防止发生各种攻击事件。根据入侵的对象不同，入侵方式会有差异，相应的应对方法也存在差别，但就入侵行为共性而言，防范网络恶意攻击也有规律可循。

1. 发现入侵事件

发现入侵是响应入侵的前提，发现得越早，响应得越及时，损失就越小。非法入侵的隐蔽性特质，使得发现入侵较为困难。一般情况下，可以考虑从以下几个方面入手，尽早发现入侵的迹象。

（1）安装入侵检测设备。

（2）对 Web 站点的出入情况进行监视控制。

（3）经常查看系统进程和日志。

（4）使用专用工具检查文件修改情况。

2. 响应入侵事件

应急响应旨在针对不同入侵事件采取相应的应对措施，以减少损失为目的，不同入侵事件的响应策略大同小异，一般包括以下内容。

（1）快速评估入侵、破坏程度。

尽快评估入侵造成的破坏程度是减少损失的前提，也是采取正确应急措施的基础。针对不同程度的入侵破坏，采用不同方式遏制势态发展。为了便于快速得出正确结论，应事先根据网络应用情况和具体管理策略，制作出问答形式的入侵情况判断表，其中包括必须采取的应急策略。

（2）决定是否需要切断电源、断开系统连接。

如果明显存在入侵证据被删除或丢失的危险，可以考虑切断电源供给，但是，严禁随意干预电力供应，避免出现因电源改变系统运行环境的现象。

迅速判断系统保持连接或断开系统连接可能造成的后果，如果断开系统连接不会对正常工作和入侵证据产生影响，应立即断开系统连接，以保持系统的独立性。

（3）实施应急补救措施。

在系统投入运行前，应针对各种可能出现的危害，制定出快速、可行的应急预案。当危害事件发生后，应尽快实施应急补救措施，以降低危害带来的损失。

3. 追踪入侵行为

追踪入侵行为不仅是将危害行为制造者绳之以法的前奏，也是深入剖析入侵危害的基础，由于黑客常试图隐匿行踪，追踪入侵行为颇具挑战，可从以下方面入手。

（1）获取可疑 IP 地址。

基于 TCP/IP 协议，网络设备在网络连接时必须有唯一的 IP 地址，这样才能保证数据的准确传输。IP 地址虽与计算机的物理地址无关，但它能反映连接到网络的计算机的某些信息，所以获取可疑 IP 地址是追踪入侵行为的重要一步。

若能截获黑客侵入系统的通信信息，可从中解析 IP 地址，追踪使用该 IP 地址的用户。现在有许多 IP 地址查询工具可以从信息发送方发送的信息中，提取发送方的 IP 地址和端口号。有效使用防火墙的 UDP 数据包监测功能，也可以显示接收信息的 IP 地址和端口号。IP 地址和联网设备有唯一的对应关系，且 IP 地址分配遵循一定的规律和规则，所以根据 IP 地址可以定位联网设备。

（2）验证 IP 地址的真实性。

使用各种方法获取的 IP 地址的真实性必须经过认真验证，只有真实的 IP 地址才具有追查价值。造成 IP 地址不准确的原因有很多，如从安全角度考虑隐藏 IP 地址造成的 IP 虚假、网络应用环境造成的 IP 虚假、人为伪造造成的 IP 虚假，需针对不同情况区别处理。

> **说一说**
>
> 制定防范攻击应急预案的重要性。

7.2.3　使用"360 安全卫士"清除木马

如何发现网络恶意攻击者在系统中植入的恶意代码？怎样有效清除它们？小华首先想到使用专门对付恶意代码的工具。

以病毒和木马为代表的恶意代码，是影响计算机和网络应用的棘手难题，使用专用工具能够有效遏制恶意代码的破坏。常用病毒查杀工具有 360 安全卫士、金山、瑞星、卡巴斯基等，以下是使用 360 安全卫士清除计算机木马的具体操作步骤。

（1）双击"360 安全卫士"图标，启动 360 安全卫士，启动后的操作界面如图 7-4 所示。

（2）单击"木马查杀"按钮，进入木马查杀操作界面，如图 7-5 所示。

图 7-4　360 安全卫士操作界面

图 7-5　木马查杀操作界面

（3）单击"全盘查杀"按钮，即可开始对全部文件进行木马扫描，木马扫描过程如图 7-6 所示。

图 7-6　木马扫描过程

360 安全卫士提供 3 种木马查杀方式。

快速查杀：此方式仅扫描系统内存、启动对象等关键位置，由于扫描范围小，所以速度较快。

按位置查杀：由用户自己指定需要扫描的范围，此方式特别适用于扫描 U 盘等移动存储设备。

全盘查杀：此方式扫描系统内存、启动对象及全部磁盘，由于扫描范围广，速度较慢。由于木马可能会存在于系统的任何位置，用户在第一次使用 360 安全卫士或者已经确定系统中了木马的情况下，需要采取此种方式。

选中强力模式可查杀正常模式下难以查杀的顽固病毒及木马。

（4）扫描完成，显示使用 360 查杀木马的结果，如图 7-7 所示。如发现在计算机中存在木马，单击"一键处理"按钮，删除木马病毒。

图 7-7　木马查杀结果

为什么提倡使用多种软件交叉杀毒？

7.2.4　了解网络安全管理的基本方法

小华虽从技术层面解决了恶意攻击的袭扰，但并没有彻底修补危害信息安全的漏洞。他需要从技术和管理两个方面入手，才能形成系统的信息安全解决方案。

对计算机网络实施安全管理，必须有一套切实可行的网络安全管理办法。实现计算机网络安全管理的重要前提是建立安全管理制度、进行明确的责任分工，并且认真、严格执行及不断完善安全管理制度。只有这样，才能达到网络安全管理的最终目标。

1. 了解基本的网络安全管理制度

建立网络安全机制，必须深刻理解网络涉及的全部内容，并根据网络环境和工作内容提出解决方案。因此，可行的安全管理策略是使用专门的安全防护技术、建立健全安全管理制度并严格执行。

建立网络安全管理制度是网络安全管理中的重要组成部分，使用网络的机构、企业和单位都应建立相应的网络安全管理制度。制定网络安全管理制度的基本依据是《互联网信息服务管理办法》《互联网站从事登载新闻业务管理暂行规定》和《互联网域名管理办法》等法律法规。一般认为对计算机网络实施安全管理应制定以下安全管理制度：

① 计算机网络系统信息发布、审核、登记制度；
② 计算机网络系统信息监视、保存、清除、备份制度；
③ 计算机网络病毒和漏洞检测管理制度；
④ 计算机网络违法案件报告和协助查处制度；
⑤ 计算机网络账号使用登记及操作权限管理制度；
⑥ 计算机网络系统升级、维护制度；
⑦ 计算机网络系统工作人员人事管理制度；
⑧ 计算机网络应急制度。

2. 了解网络安全管理工作原则

实现计算机网络安全管理所依据的基本原则是多人负责原则、任期有限原则、职责分离原则。

多人负责原则，指从事每项与计算机网络有关的活动，都必须有两人或多人在场。

任期有限原则，指担任与计算机网络安全工作有关的职务，应有严格的时限。

职责分离原则，指在计算机网络使用、管理机构内，把各项可能危及计算机网络安全的工作拆分，并划归到不同工作人员的职责范围中。

3. 了解网络安全审计

网络安全审计是指对网络安全活动进行识别、记录、存储和分析，用以查证是否发生安全事件的一种安全技术。它能够为管理人员提供追踪安全事件和入侵行为的有效证据，以提高网络系统的安全管理能力。

网络安全审计分为审计数据收集和审计分析两部分。审计数据收集有不同的方式，包括从网络上截取数据，获取与系统、网络等有关的日志统计数据，以及利用应用系统和安全系统的审计接口获取数据等，目的是为审计分析提供基础数据。审计分析首先对收集的数据进行过滤，然后按照审计策略和规则进行数据分析处理，从而判断系统是否存在安全风险。

> **说一说**
>
> 请阐述实施网络安全管理的重要性。

7.2.5　了解信息系统安全等级保护

小华知道国家对信息系统安全采取等级保护，但对该制度在自己参与管理的系统有什么要求却并不清楚。他需要学习相关知识，以便有效地保护自己管理信息系统的安全。

为维护国家网络安全，有效控制网络安全风险，我国实行计算机信息系统安全等级保护制度。在《计算机信息系统安全保护等级划分准则》中，将计算机系统安全保护能力分为 5 个等级，随着安全保护等级的提高，计算机信息系统安全保护能力逐渐增强。

1. 了解信息系统安全等级保护的管理要求

信息系统安全等级保护，是指对国家秘密信息及公民、法人和其他组织的专有信息等公开信息和存储、传输、处理这些信息的信息系统分等级实行安全保护，对信息系统中使用的信息安全产品实行按等级管理，对信息系统中发生的信息安全事件分等级响应、处置。

《计算机信息系统安全保护等级划分准则》规定了计算机信息系统安全保护能力的五个等级，从安全管理的角度，信息系统的安全等级保护也按照国家标准对应分为 5 级，具体内容如表 7-3 所示。

表 7-3 信息系统安全等级保护的等级划分

等级	名称	适用对象	危害后果	保护单位
第一级	自主保护级	适用于一般的信息系统	该类系统受到破坏后，会对公民、法人和其他组织的合法权益产生损害，但不损害国家安全、社会秩序和公共利益	该类系统由运营、使用单位或者个人依据国家管理规范和技术标准进行保护
第二级	指导保护级	适用于一般的信息系统	该类系统受到破坏后，会对社会秩序和公共利益造成轻微损害，但不损害国家安全	该类系统由运营、使用单位依据国家管理规范和技术标准进行保护
第三级	监督保护级	适用于涉及国家安全、社会秩序和公共利益的重要信息系统	该类系统受到破坏后，会对国家安全、社会秩序和公共利益造成损害	该类系统由运营、使用单位依据国家管理规范和技术标准进行保护，国家有关信息安全职能部门对其信息系统安全等级保护工作进行监督、检查
第四级	强制保护级	适用于涉及国家安全、社会秩序和公共利益的重要信息系统	该类系统受到破坏后，会对国家安全、社会秩序和公共利益造成严重损害	该类系统由运营、使用单位依据国家管理规范和技术标准进行保护，国家有关信息安全职能部门对其信息系统安全等级保护工作进行强制监督、检查
第五级	专控保护级	适用于涉及国家安全、社会秩序和公共利益的重要信息系统的核心子系统	该类系统受到破坏后，会对国家安全、社会秩序和公共利益造成特别严重的损害	该类系统由运营、使用单位依据国家管理规范和技术标准进行保护，国家指定的专门部门或者专门机构对其信息系统安全等级保护工作进行专门监督、检查

2. 了解计算机信息系统安全等级保护的定级、备案工作

《信息安全等级保护管理办法》规定：国家信息安全等级保护坚持自主定级、自主保护的原则。信息系统的安全保护等级应当根据信息系统在国家安全、经济建设、社会生活中的重要程度，信息系统遭到破坏后对国家安全、社会秩序、公共利益以及公民、法人和其他组织的合法权益的危害程度等因素确定。定级要素与安全保护等级的关系如表 7-4 所示。

表 7-4 定级要素与安全保护等级的关系

受侵害的客体	对客体的侵害程度		
	一般损害	严重损害	特别严重损害
公民、法人和其他组织的合法权益	第一级	第二级	第二级
社会秩序、公共利益	第二级	第三级	第四级
国家安全	第三级	第四级	第五级

对客体的侵害程度描述如下。

一般损害：工作职能受到局部影响，业务能力有所降低但不影响主要功能的执行，出现较轻的法律问题，较低的财产损失，有限的社会不良影响，对其他组织和个人造成较低损害。

严重损害：工作职能受到严重影响，业务能力显著下降且严重影响主要功能执行，出现较严重的法律问题，较高的财产损失，较大范围的社会不良影响，对其他组织和个人造成较严重损害。

特别严重损害：工作职能受到特别严重影响或丧失行使能力，业务能力严重下降且或功能无法执行，出现极其严重的法律问题，极高的财产损失，大范围的社会不良影响，对其他组织和个人造成非常严重损害。

信息安全等级保护备案包括信息系统备案、受理、审核和备案信息管理等工作。信息系统运营、使用单位或者其主管部门应当在信息系统安全保护等级确定后30日内，到公安机关办理备案手续。公安机关收到备案材料后，应对信息系统所定安全保护等级的准确性进行审核。经审核合格的，公安机关出具《信息系统安全等级保护备案证明》。

公安机关负责信息系统安全等级保护工作的监督、检查、指导。国家保密工作部门负责等级保护工作中有关保密工作的监督、检查、指导。国家密码管理部门负责等级保护工作中有关密码工作的监督、检查、指导。涉及其他职能部门管辖范围的事项，由有关职能部门依照国家法律规范的规定进行管理。

3. 了解网络安全等级保护制度和信息安全等级保护制度的关系

信息安全等级保护制度是国家网络安全保障的重要制度，其核心是分清系统边界，明确系统责任，确保重点目标的安全。信息安全等级保护制度在国家网络安全保障中发挥了重要作用，但是随着云计算、大数据、物联网、移动互联网等技术的发展，系统边界日益模糊。因此，《中华人民共和国网络安全法》提出"实行网络安全等级保护制度"，明确了网络安全等级保护制度的基本要求，这是根据网络安全形势、特点所做的转变，标志着信息安全保护制度从1.0时代进入2.0时代的新阶段。

等级保护1.0主要强调物理安全、主机安全、网络安全、应用安全、数据安全及备份恢复等通用要求，而等级保护2.0标准在对等级保护1.0标准基本要求进行优化的同时，针对云计算、物联网、移动互联网、工业控制、大数据新技术提出了新的安全扩展要求。

说一说

为什么要实行网络安全等级保护制度？

考 核 评 价

序　号	考 核 内 容	完 全 掌 握	基 本 了 解	继 续 努 力
1	了解信息安全的基础知识，了解信息安全现状，理解恶意代码的危害和发展趋势；能联系实际，举例说明信息安全面临的威胁；能正确看待安全与应用			
2	了解信息安全保护的法律、法规和法律责任，了解中国信息安全保护法律规范体系，对法律保障信息安全有全面认识；能辨别网络不当言论，自觉遵守信息安全法律法规			
3	了解黑客行为的危害性和违法性，了解法律对黑客行为的制裁；养成文明守法的好习惯			
4	了解信息系统恶意攻击的形式和特点，了解防范恶意攻击的基本方法；能够发现攻击行为，具备阻断网络攻击的基本能力；对网络攻击的危害性有深刻认识			
5	了解网络安全等级保护的划分标准，了解不同系统的危害后果；能针对信息系统，知晓采取的保护等级和方法；有信息保护意识			
收获与反思	通过学习，我的收获： 通过学习，发现的不足： 我还需要努力的地方：			

本 章 习 题

一、选择题

1. 计算机网络系统的管理日趋_____。

    A. 简单化 　　　　 B. 复杂化 　　　　 C. 程序化 　　　　 D. 规范化

2. 危害网络安全的表现形式有_____。

    A. 自然灾害 　　　 B. 人为破坏 　　　 C. 病毒侵袭 　　　 D. 以上都对

3. 网络安全主要涉及_____。

    A. 信息存储安全 　　　　　　　　　　 B. 信息传输安全

    C. 信息应用安全 　　　　　　　　　　 D. 以上都是

4. 网络安全涉及技术问题，也涉及_____问题。

    A. 管理 　　　　　 B. 程序 　　　　　 C. 应用 　　　　　 D. 灾害

5. 我国颁布的第一部计算机安全法规是_____。

    A. 《中华人民共和国刑法》

    B. 《中华人民共和国电信条例》

    C. 《中华人民共和国计算机信息网络国际联网管理暂行规定》

    D. 《中华人民共和国计算机信息系统安全保护条例》

6. 黑客行为是_____。

    A. 恶作剧行为 　　　　　　　　　　　 B. "善意"探测行为

    C. 违法犯罪行为 　　　　　　　　　　 D. 以上都不对

7. 设置长口令很重要的原因是_____。

    A. 长口令不可能破解 　　　　　　　　 B. 长口令难以破解

    C. Windows 需要长口令 　　　　　　　 D. 长口令能够防止口令破解程序工作

8. 实施网络监听_____。

    A. 没有条件限制 　　　　　　　　　　 B. 有条件限制

    C. 信源监听容易 　　　　　　　　　　 D. 信息监听容易

9. 从严格意义上说，扫描器是_____。

    A. 网络攻击工具 　　　　　　　　　　 B. 网络管理工具

    C. 黑客工具 　　　　　　　　　　　　 D. 远程管理工具

10．安全删除信息只能采取_____。

　　A．替代法　　　　　B．工具法　　　　　C．覆盖法　　　　　D．物理删除法

二、判断题

1．信息安全是一项长期且复杂的社会系统工程。　　　　　　　　　　（　　）

2．信息安全是一门涉及多种学科的综合性学科。　　　　　　　　　　（　　）

3．社会规范是调整人与人之间社会关系的行为规则。　　　　　　　　（　　）

4．犯罪必定违法，违法不一定犯罪。　　　　　　　　　　　　　　　（　　）

5．社会危害性是犯罪最本质、最具有决定意义的特征。　　　　　　　（　　）

6．黑客行为具有严重的危害性。　　　　　　　　　　　　　　　　　（　　）

7．个人用户也要防范黑客入侵。　　　　　　　　　　　　　　　　　（　　）

8．黑客是对计算机信息系统进行非授权访问的人员。　　　　　　　　（　　）

9．对非法入侵行为，各国的法律都予以惩治。　　　　　　　　　　　（　　）

10．网络监听是一种主动的网络攻击方式。　　　　　　　　　　　　（　　）

11．扫描器可以直接攻击网络。　　　　　　　　　　　　　　　　　（　　）

12．IP 地址与计算机的物理地址可以无关。　　　　　　　　　　　　（　　）

13．监听的目的是获取通信的信息，所以只能在信源实施监听。　　　（　　）

三、操作题

1．利用已掌握的网络安全知识，简单分析网络行为可能出现的安全问题，提出需要防护的基本内容，及必须采取的措施和使用的防护产品。

2．根据房屋防盗经验，分析网络安全防护的特殊性。

3．对于给定系统提出等级保护策略。

4．结合国家网络安全宣传周活动，制作宣传材料，普及信息安全相关法律和防护技能，营造健康文明、风清气正的网络环境，共同维护国家网络安全和个人信息安全。

第8章 人工智能初步

最近几年科技领域最受关注的概念莫过于"人工智能"。从机器人索菲亚被沙特阿拉伯授予象征性公民身份、AlphaGo 击败柯洁成为人们关注的热点，到人工智能应用到生活、医疗、教育、通信等领域，人工智能逐渐走进人们的生活。它是用于模拟、延伸和扩展人的智能的技术科学。通俗地讲，"人工智能"就是让机器有"智慧"，能够像人一样思考。从字面上看，"人工智能"这个名词由"人工"和"智能"两词构成，其核心是智能。因此，人工智能首先是智能的一种。但是人工智能是人造的，而非自然形成的智能（如我们人类的智能就是经过长期进化而形成的一种生物智能）。进一步理解人工智能的关键，在于理解"智能是什么"，这其实是一个难以回答的问题。一个普遍的认知是"智能是利用知识解决问题的能力"。作为"万物之灵长"的人类，其智能很大程度上体现在人类能够发现知识并利用知识解决各类问题。

应用场景

场景 01 智能运动监测

在"健康中国 2030"战略深化实施与"数字中国"建设加速推进的双重背景下，全民健身正迎来从"规模扩张"到"质量提升"的深刻变革。作为人民增强体质、健康生活的好帮手，智慧运动 App 正通过技术创新重塑青少年运动生态。无须佩戴任何硬件设备，学生仅需面对手机摄像头跳绳，即可实现 AI 自动计数、动作矫正及数据追踪。依托深度学习算法与骨骼点识别技术，系统实时捕捉人体摆动轨迹，精准统计跳绳个数、卡路里消耗及速率等运动数据，助力青少年培养运动习惯、提升技能、强健体魄、锤炼意志，为身心协同发展奠定数字化健康基础。

场景 02

生成式人工智能应用

生成式人工智能（AIGC）已进入全球规模化应用阶段，其技术演进与产业渗透呈现出多极化发展特征。截至 2024 年 6 月，我国生成式人工智能已形成覆盖芯片、算法、数据、平台、应用的产业链，用户规模达 2.3 亿人，相关企业超过 4500 家，核心产业规模近 6000 亿元人民币（中国互联网络信息中心《生成式人工智能应用发展报告（2024）》）。我国自主研发的 DeepSeek-V3 模型参数量达 671B（6710 亿），在 MMLU（多任务语言理解）基准测试中取得 88.5% 的准确率。

在全球人工智能治理与技术普惠实践中，中国深度参与 ISO/IEC 42001 国际标准制定，推动其在"一带一路"沿线国家和地区的合规应用，为构建透明、负责任的人工智能管理体系贡献中国方案。

我国于 2023 年 10 月发布的《全球人工智能治理倡议》，聚焦人工智能的发展、安全与治理三大支柱，通过"技术突破-规则输出-南南合作"三位一体策略，将"人类命运共同体"理念嵌入全球人工智能治理进程，推动实现"智能向善、造福全人类"的愿景。

场景 03

工业机器人应用

经过多年发展，我国已稳居全球第一大工业机器人市场，核心技术水平显著提升。统计数据显示，2024 年我国工业机器人产量达 55.6 万台（套），较 2023 年增长 14.2%。国际机器人联合会（IFR）发布的《2024 年世界机器人报告》显示，2023 年，中国以 27.63 万台（套）工业机器人年度安装量领跑全球，工业机器人运营存量接近 180 万台（套）。

工业机器人具备 24 小时连续作业能力，在汽车焊接、电子装配等场景中效率普遍提升 30%～50%，显著优于人工操作。

中国工业机器人应用呈现"双核驱动"（汽车+电子）与"多点开花"（新能源、物流等）的格局，政策与技术创新共同推动市场扩容。中国工业机器人产业已形成"规模领先+技术突破+全球渗透"的竞争力格局。未来，随着自主创新深化和智能化升级，机器人将在高端制造、特种环境中发挥更大价值，支撑中国从"制造大国"向"智造强国"转型。

工业机器人在汽车焊装生产线上的应用如图 8-1 所示。

图 8-1　工业机器人在汽车焊装生产线上的应用

场景 04　人形机器人应用

如图 8-2 所示，乙巳蛇年春晚舞台上扭秧歌的机器人吸引了全世界的目光，这也侧面验证了我国人形机器人产业正进入快速发展期。国内团队在运动控制、环境感知、AI 交互等核心领域取得突破。产业应用处于商业化初期，主要聚焦服务场景拓展。教育领域的人形机器人已进入课堂辅助教学，医疗康复机器人开始临床测试，银发经济推动家庭陪护机器人市场需求。随着人工智能大模型技术的赋能，行业正加速向通用化、智能化方向演进。

图 8-2　央视春晚舞台上扭秧歌的机器人

任务 1　初识人工智能

人工智能诞生以来，理论和技术日益成熟，特别是 2020 年以来，应用行业和领域不断扩大，如智能物联网、工业互联网、机器人、无人驾驶、智能家居、智能安防、智慧医疗、智慧教育和智慧农业等。从目前人工智能的应用场景来看，当前人工智能仍以特定应用领域的专用 AI 为主（如工业质检、医疗影像识别等），或者作为辅助工具提升人类工作效率（如智能客服、文档生成等）。尽管人工智能技术取得了显著进步，并在多个领域展现了强大的能力，但真正意义上的通用人工智能（AGI）尚未实现。当前的人工智能系统，如大型语言模型和其他专业 AI 应用，虽然能够在特定任务上表现出色，但它们仍然受限于特定的应用范围，缺乏广泛适应性和灵活性，无法像人类一样执行任意任务或解决各种未知问题。因此，虽然人工智能极大地提升了社会生产效率和生活便利度，但距离实现完全模仿人类智能的目标还有很长的路要走。初识人工智能思维导图如图 8-3 所示。

图 8-3　初识人工智能思维导图

◆　任务情景

小华在距离家 5 千米的公司上班。快要下班时，小华在百度地图上约了一辆百度"萝卜快跑"无人驾驶汽车，同时又用手机远程打开家里的空调。小华坐上小汽车，哼着小曲听着歌，不知不觉到了家门口。门口摄像头通过识别，认出了主人，打开了房门。一进门，小华感到一身清凉，原来空调早已调好温度。家里智能家居系统感应到主人回家，给主人点了几首音乐，根据家里亮度打开并调节灯光亮度，让厨房的电饭锅开始煮饭。

人工智能的发展让人类逐渐摆脱重复烦琐和低效的工作，人工智能的相关技术越来越多地应用在工业、农业、服务业等领域，正在改变甚至颠覆人们的日常生活。那么到底什么是人工智能？人工智能具体有哪些方面的应用？人工智能对人类社会未来的发展有哪些影响？下面将带着这些问题来了解人工智能。

◆　任务分析

小华约的无人驾驶汽车在北京部分地区开始布局，百度地图及"萝卜快跑"App 上可以预约体验"萝卜快跑"自动驾驶出租车，智能移动终端远程开启空调等家用电器的应用已较为成熟，越来越多的人家里开始安装智能家居系统。人工智能在人们的生产生活中应用得越来越普遍，如智能移动终端里面的各种应用软件，包括同声传译、智能搜索、远程监控等。

通过学习和了解人工智能的起源及发展，了解人工智能的定义，进而了解人工智能的应用和发展趋势，为将来进一步学习和应用人工智能解决生产生活问题奠定基础。

8.1.1 了解人工智能的发展和应用

场景 1 描述了智能运动监测的场景，场景 2 描述了生成式人工智能基本情况，任务情景里小华坐上无人驾驶汽车、用手机远程控制家电设备等场景，这些场景都是人工智能的应用场景。

那么随着科技的发展，什么样的应用场景才是具备人工智能的，到底什么叫人工智能，怎么定义，人工智能的起源和发展又是怎样的？下面我们一起来学习。

1. 人工智能的发展

人工智能的发展并不是一帆风顺的，也曾因计算机计算能力的限制无法模仿人脑的思考及与实际需求的差距过远而走入低谷。但是随着硬件和软件的发展，计算机的运算能力以指数级增长；网络技术蓬勃兴起，确保计算机已经具备了足够的条件来运行一些要求更高的人工智能软件；价格的不断降低及网络技术的不断发展，使得许多原来无法完成的工作现在已经能够实现，现在的人工智能具备了更多现实应用的基础。

人工智能的发展过程见表 8-1。

表 8-1　人工智能的发展过程

时　间	事　件
1936 年	英国数学家艾伦·图灵提出"图灵机"（自动机理论核心模型），定义了计算的理论框架与极限，为计算机科学与人工智能发展奠定数学基础
1950 年	图灵发表《计算机器与智能》论文，提出"图灵测试"：如果一台机器能够与人类展开对话而不被辨别出其机器身份，那么称这台机器具有智能。这标志着人工智能理论框架的初步形成，图灵因此被誉为"人工智能之父"
1956 年	美国达特茅斯学院举办"达特茅斯夏季研究项目"，约翰·麦卡锡等学者正式提出"人工智能"（AI）术语，明确"让机器模拟人类智能"的研究目标，标志着人工智能学科的诞生
1970—1980 年代	专家系统兴起，通过模拟人类专家知识解决特定领域问题（如医疗诊断、地质分析），推动 AI 从理论研究转向实际应用，标志着"知识工程"时代的开启
1990 年代	互联网普及催生数据驱动范式，支持向量机（SVM）与神经网络结合，推动手写体识别、语音识别等技术实现工程化应用，开启 AI 与场景结合的早期探索
2000 年代	大数据、云计算、GPU 并行计算等技术的突破，推动深度神经网络快速发展，AI 在图像分类（ImageNet 竞赛）、语音识别（如 Siri）、人机对弈（AlphaGo）等领域跨越"实验室-工业应用"鸿沟，实现技术实用化

时　　间	事　　件
2020 年代	中国在人工智能领域取得多项突破性进展： 大模型：华为"盘古"、百度"文心一言"推动自然语言处理技术广泛应用；深度求索（DeepSeek）发布通用多模态大模型"DeepSeek-R1"，支持复杂推理与跨模态交互，应用于金融分析、智慧教育等领域； AI 芯片：寒武纪（思元系列）、地平线（征程系列）研发高性能芯片，支撑自动驾驶、边缘计算； 量子 AI 融合：中国量子计算研究（如九章量子计算机）助力 AI 算法优化，探索密码分析、复杂系统模拟等场景； 自动驾驶：政策支持下，多家国产汽车品牌实现高级辅助驾驶，北京、上海等地试点无人出租车； AI+医疗：推想科技、依图医疗等企业开发医学影像 AI 辅助诊断系统，日常应用于疾病预测与效率提升； 中国 AI 技术正从单点突破向全栈生态演进，形成"芯片-框架-模型-应用"的完整产业链

2. 人工智能定义

人工智能主要研究如何让机器像人一样能够感知、获取知识、储存知识、推理思考、学习、行动等，并最终创建拟人、类人或超越人的智能系统。人工智能的定义可以分为两部分，即"人工"和"智能"。"人工"指人工制造，"智能"指自我学习和思考的能力。但机器要达到怎样的水平才算"智能"一直没有统一的标准，因此，人工智能自诞生之日起，其定义与内涵就一直存在争议。

一个较为普遍认同的定义是：人工智能是通过智能机器模拟、延伸和增强人类改造自然和治理社会能力的科学与技术。我国《人工智能标准化白皮书（2018 版）》中也给出了人工智能的定义：人工智能是利用数字计算机或者数字计算机控制的机器模拟、延伸和扩展人的智能，感知环境、获取知识并使用知识获得最佳结果的理论、方法、技术和应用系统。

人工智能（Artificial Intelligence），英文缩写为 AI，是研究、开发用于模拟、延伸和扩展人的智能的理论、方法、技术及应用系统的一门新兴的技术科学。

人工智能是计算机科学的一个分支，它企图了解智能的实质，并生产出一种新的能以人类智能相似的方式做出反应的智能机器，来模拟人的某些思维过程和智能行为。该领域的研究包括机器人、语音识别、图像识别、自然语言处理和专家系统等，涉及计算机科学、心理学、哲学和语言学等学科，可以说几乎包含了自然科学和社会科学的所有学科，其范围已远远超出了计算机科学的范畴。人工智能技术本质上是以数学算法为核心，辅以计算机技术来模拟人的智能行为的技术。人工智能的研究领域如图 8-4 所示。

围绕人工智能的定义，其核心思想在于构造具备智能的人工系统。作为一项知识工程，人工智能通过机器模仿人类智能行为，实现特定任务的自动化执行。根据是否实现理解、思考、推理、解决问题等高级认知能力，人工智能可划分为强人工智能和弱人工智能。

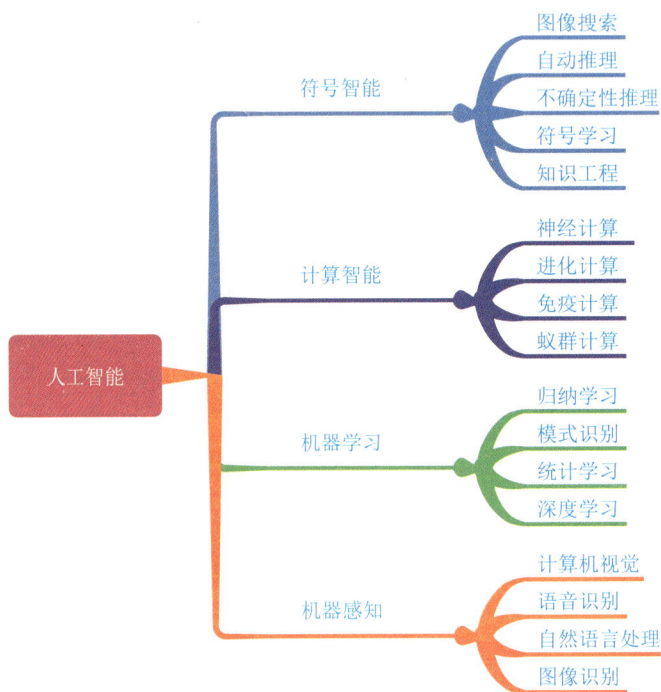

图 8-4　人工智能的研究领域

　　强人工智能指具备自主理解、逻辑推理与问题解决能力的智能系统，能够自主学习、跨领域推理并解决复杂问题。理论上可达到人类同等认知水平并拥有自我意识，但在哲学层面存在伦理争议，技术上仍面临通用智能建模的根本性挑战。

　　弱人工智能则聚焦特定领域任务优化，通过数据驱动或规则引擎实现单项或有限多任务处理（如语音识别、图像分类）。当前技术主流仍以弱人工智能为核心，其专用系统在机器翻译、医学影像诊断等垂直领域已接近或超越人类效率，但缺乏跨领域泛化与自主学习能力。

　　弱人工智能目前应用比较多的有以下五种核心智能。

　　大数据智能：是以人工智能手段对大数据进行深入分析，探析其隐含模式和规律的智能形态，实现从大数据到知识进而到决策的理论方法和支撑技术。其核心在于融合机器学习、数据挖掘、分布式计算等技术，从海量数据中提取知识、发现规律，并支持实时动态预测与优化。大数据智能应用于金融风控、智慧城市建设等领域。

　　跨媒体智能：通过视听感知、机器学习和语言计算等理论与方法，将实体世界转化为内部模型，并实现多媒体语义表达的智能感知与认知，如"看图说话""以文生图""以图搜文""以文搜图"等。

　　群体智能：由多个智能体（如机器人、软件代理、人类个体）通过协作、竞争或自组织行为，涌现出超越个体能力的群体智能行为。群体智能广泛应用于优化问题求解、机器人协同作业、无人机群管理、数据挖掘、机器学习等领域。

　　混合增强智能：是利用人类和机器两种智能的差异性和互补性，通过个体智能融合、群体智能融合、智能共同演进，实现人机智能共融共生的复杂感知和计算。混合增强智能应用于医疗、人机协同装配单元等领域。

自主智能：通过将计算机的逻辑分析提升为逻辑思维，实现在不同环境条件中自主产生新的逻辑并摆脱人类的框架式控制的智能思维。自主智能应用于自动驾驶、服务机器人、核工业巡检等领域。

3. 中国人工智能发展成就

中国人工智能的发展备受瞩目，凭借深厚的研发实力和巨大的市场潜力，已跻身全球第一方阵，正逐渐成为人工智能领域的重要引领者。中国的人工智能技术正形成技术创新、产业应用和生态布局的全方位优势，日益渗透到人们生活的方方面面，并悄然改变着普通人的生活。

① 气象预测：给台风"拍 CT"。华为盘古气象大模型在 2023 年震惊世界——提前 7 天锁定台风"杜苏芮"路径，误差仅 35 千米（大约相当于北京市中心到六环的距离）。这一成果被《自然》杂志评价为"气象预测领域的 AlphaGo 时刻"。

② 人形机器人：从实验室到航站楼。小米 CyberOne 人形机器人在北京大兴机场"上岗"，日均服务旅客 2000 人次，用 28 种方言回答"哪里寄存行李"。通过 3D 视觉识别 75 家航司的行李标签，失误率仅 0.7%，比人工低 43%。

③ 农业革命：无人机种田。大疆农业无人机在黑龙江五常稻田创造奇迹，10 分钟完成 20 亩农药喷洒，AI 识别病虫害准确率达 98%，2023 年帮助农户节水 30%、增产 15%。

④ 文化传承：让千年壁画"活"过来。腾讯联合敦煌研究院打造的数字藏经洞 AI 修复 45 幅残缺壁画，还原 3000 处色彩。AR 技术让飞天"飞出"墙壁，游客手机扫码即可合影，参观量同比暴涨 68%。通过 AI 与 AR 技术的深度融合，构建了文化遗产数字化保护的新范式，为全球文明传承提供了中国方案。

说一说

人工智能对人类社会发展的促进作用。

8.1.2　了解人工智能的基本原理

场景 1 的智能运动监测场景，采用阿里巴巴人工智能深度学习算法技术，通过手机摄像头视觉识别技术，实现对人体运动姿态的精准捕捉。系统可实时分析跳绳时的摆臂幅度、跳跃高度等动作要点，结合动态目标追踪算法自动统计跳绳完成数量，并通过卡路里消耗模型估算运动能量代谢数据。同类技术架构已成功应用于教育领域的作业自动批改系统，基于 OCR 文字识别与自然语言处理技术，实现对纸质作业的智能评分。

场景 2 描述了生成式人工智能应用情况。生成式人工智能技术通过深度神经网络模型，实现对文本、图像、音频、视频等多模态数据的创造性生成。值得一提的是，这类技术在药物分子设计、新材料研发等领域也展现出创新潜力，能够通过模拟分子结构生成候选化合物，有效加速科研进程。

从以上应用场景不难发现，人工智能的核心能力离不开学习能力、数据处理能力的支撑。那么，人工智能的基本原理是什么？我们一起来学习一下。

1. 人工智能的核心知识领域

虽然可以根据人的智能来定义"人工"的智能，但是关于"人工智能"的研究其实是关于人本身智能的研究，或者是关于其他智能生物或系统的研究。人工智能是计算机科学的一个分支，但是它属于一种交叉学科，从事这项工作的人需要懂得计算机、心理学和哲学等知识。

人工智能这一领域的研究本质上是对人类自身智能或其他智能生物、智能系统的探索。人工智能作为计算机科学的交叉学科分支，其核心是通过模拟人类智能机理构建智能系统，研究范畴涵盖智能本质探索与多元智能体构建。

当前人工智能涵盖的核心知识领域可系统归纳为六大方向：

① 计算机视觉（模式识别、图像处理等）：聚焦于赋予机器感知视觉信息的能力，通过算法解析、理解并生成图像或视频内容，是实现机器"看懂"世界的基础技术体系。

② 自然语言理解与交流（语音识别、合成等）：致力于让机器理解、生成并运用人类语言，涵盖从语音信号到文本语义的全链条处理，实现人机间自然语言形式的信息交互与知识处理。

③ 认知与推理（各种物理和社会常识等）：研究如何构建机器的高阶智能，使其具备类似人类的逻辑推理、决策判断能力，能够基于常识知识库处理复杂场景中的语义理解与问题求解。

④ 机器人（机械、控制、设计、运动规划、任务规划等）：融合机械工程、控制理论与人工智能，研究机器人的感知、决策与执行系统，实现从工业机械臂到服务机器人的自主任务执行与环境适应。

⑤ 多智能体博弈与伦理（多代理人交互、对抗与合作，机器人与社会融合等）：探索多个智能主体在交互中的策略选择（如博弈论模型），以及人工智能系统在社会应用中的伦理框架，包括责任界定、公平性设计与技术风险防控。

⑥ 机器学习（各种统计的建模、分析工具和计算的方法）：作为人工智能的核心支撑，研究如何让机器从数据中自动学习规律，涵盖监督学习、无监督学习、强化学习等范式，以及深度学习、迁移学习等前沿技术体系。

2. 人工智能的基本原理

智能手机的语音助手能实现拨打电话、查看天气等交互功能，美颜相机 App 自动优化人像细节生成更漂亮的照片，电子商务平台的"个性化推荐"模块精准呈现商品，新闻客户端基于用户浏览习惯推送定制化内容——这些智能应用的核心技术支撑均源自机器学习。作为人工智能的核心组成部分，机器学习通过算法使系统从数据中自动学习规律，而深度学习作为其前沿分支，凭借深层神经网络架构（如卷积神经网络、循环神经网络），在图像识别、自然语言处理、推荐系统等领域实现了突破性应用。如图 8-5 所示。

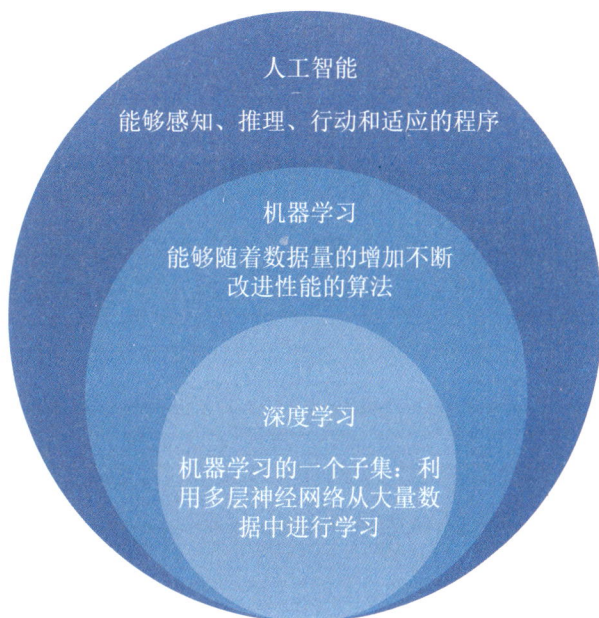

图 8-5　人工智能的核心——深度学习

　　人工智能的基本原理：计算机从传感器收集来的各种不同类型的数据（数字、文本、图像、音视频等）中提取数据特征，抽象出数据模型并进行存储和训练，再利用这些数据模型去分析、探索和预测新的数据，并对新的数据做出相应处理。简单来说，就是计算机从数据中学习到规律和模式，以应用在新数据上进行预测的任务。把训练数据输入系统，提取数据特征信息，再通过模型训练抽象出数据模型，建立好数据模型后就可以直接对要测试的数据进行识别和预测了。人工智能的基本工作原理如图 8-6 所示。

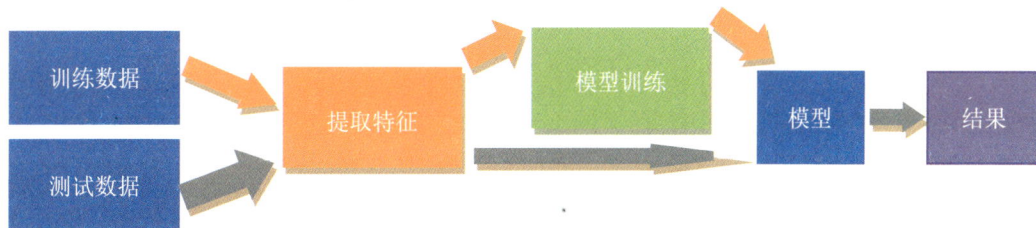

图 8-6　人工智能的基本工作原理

　　如图 8-7 所示，识别猫和狗的基本原理如下。

　　① 训练数据：准备大量标注好的猫和狗的图片（比如 1000 张猫图片、1000 张狗图片）。

② 提取特征：计算机分析这些图片，提取出猫和狗的典型特征，如猫的耳朵形状，狗的鼻子大小、毛发纹理等。

③ 模型训练：用这些提取的特征训练模型，让模型学习猫和狗的特征差异，就像学生通过大量例题学习知识点。

④ 模型：经过训练，模型掌握了区分猫和狗的能力。

⑤ 输出结果：给模型一张新的未标注的猫或狗的图片（测试数据），模型就能判断这是猫还是狗，并输出结果。

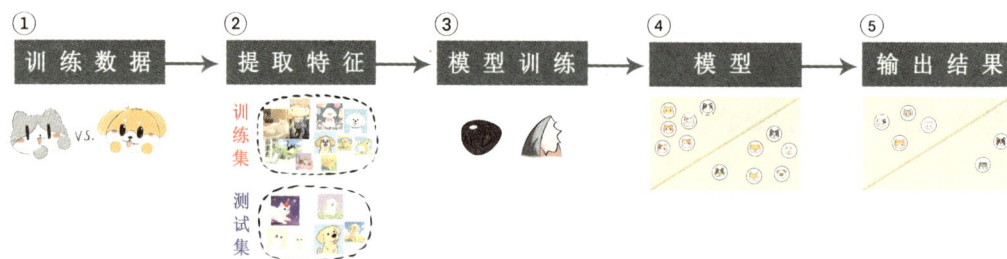

图 8-7 识别猫和狗的基本原理

整个过程就像教小孩认识猫和狗。先拿大量标注好的猫、狗图片（训练数据）给孩子看，给孩子讲猫在耳朵形状、毛发纹理等方面，以及狗在鼻子大小、体型等方面的典型特征（提取特征）。小孩通过不断观察这些图片来学习掌握这些差异（模型训练），之后看到新的猫或狗图片时，依据大脑中形成的对猫、狗特征的清晰认知（模型），就能快速准确地说出这是猫还是狗（输出结果）。

人工智能是计算机技术高度发展的产物，融合数学、统计学、概率论、逻辑学、伦理学等多学科，形成超越常规信息技术范畴的复杂系统与高级应用，其核心在于人工智能算法。让计算机能像人类一样思考，利用既有知识学习并进行合乎逻辑的推理，正是人工智能算法致力于达成的目标。

人工智能技术本质上是以数学算法为核心，依托计算机技术的产物。与其说它是信息技术产品，不如说是一套数学理论体系，例如，随机森林算法、贝叶斯算法等均源自数学、统计学、概率论领域的理论成果。这些算法借助数字概率模型，模拟人类思维过程。由此可见，推动人工智能发展的核心力量更可能来自数学领域的专家，而非单纯的信息技术从业者。

> **说一说**
>
> 成语"吃一堑，长一智"蕴含的人工智能原理。

8.1.3　体验人工智能的应用

从任务情境中的应用场景可以看出，人工智能应用场景有很多。那么人工智能还有哪些典型应用？我们一起来学习一下。

1．人脸识别

人脸识别是人工智能的常见应用之一。手机搭载 AI 功能后，通过深度学习算法和本地化计算能力，可精准识别并记忆人脸特征。

2．智能音箱

人工智能技术已渗透到家庭场景的多个设备中，涵盖语音交互、内容推荐、自动化控制等领域。以智能音箱为例，它可以识别语音并与人互动。如图 8-8 所示的智能音箱，便具备人机交互、音频搜索和家电控制等功能。

图 8-8　智能音箱

3．生成式人工智能

生成式人工智能（Generative AI）是人工智能的重要分支，其核心目标是通过算法与模型生成与真实数据分布高度相似的内容。与传统判别式人工智能（如分类模型）不同，生成式人工智能专注于创造性输出，涵盖文本、图像、音频、视频、代码等多模态内容。

例如，使用 DeepSeek 时，启用"深度思考"和"联网搜索"功能，在对话框中输入"请列举近期我国在生成式人工智能方面的成就"，DeepSeek 就会呈现详细的网络检索资料与深度推理过程，如图 8-9 所示。

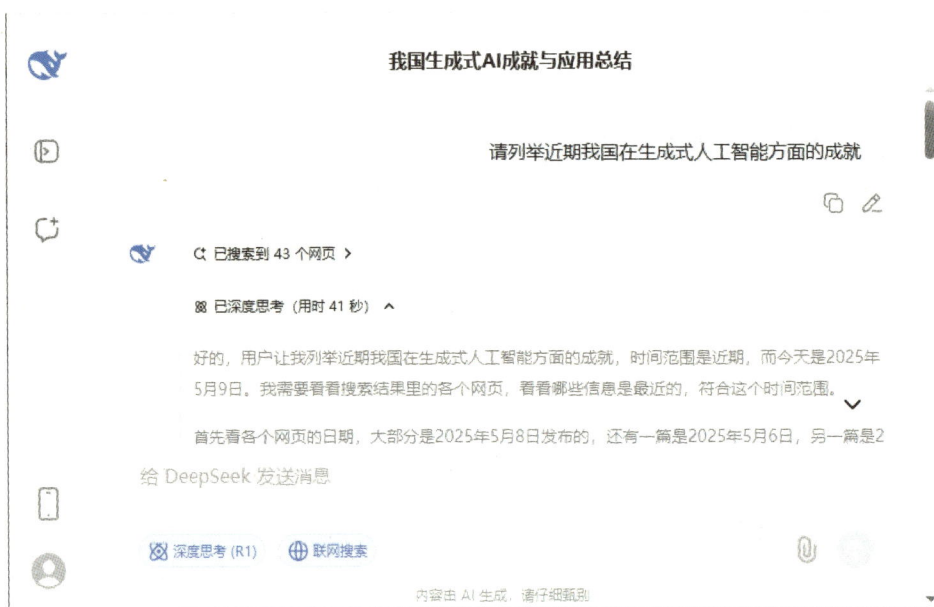

图 8-9　DeepSeek 应用场景

国内外生成式人工智能主要产品（截至 2025 年 4 月）见表 8-2。

表 8-2　国内外生成式人工智能主要产品（截至 2025 年 4 月）

应 用 场 景	国内主要产品	国外主要产品
通用对话与 多模态交互	● DeepSeek：支持超长文本处理与行业定制 ● 文心一言：支持多模态交互 ● 腾讯元宝：支持图生视频与图表输出	● ChatGPT：支持多模态交互 ● Claude 3.5 Sonnet：复杂推理与长文本处理 ● Gemini Ultra：推理性能较好
办公效率与 创作工具	●金山办公 AI 助手：文档创作与数据处理 ●小米 AI 写作：智能文案生成与校对 ●豆包：支持智能对话、创意与内容生成	● Microsoft Copilot：深度融合办公场景 ● Notion AI：优化团队协作流程
医疗健康	● 商汤医疗大模型"大医"：辅助医疗影像诊断 ● 福大医疗超算大模型：循证医学查房 MDT、病历摘要总结、临床诊疗辅助决策	● IBM Watson Health：优化诊断流程 ● DeepMind AlphaFold：生命科学垂直领域（蛋白质结构预测）
工业制造与 质检	● 盘古大模型：气象预测与工业质检 ● SenseCore 3.0：高效检测工业产品质量	● Instrumental：实时缺陷检测 ● Siemens MindSphere：优化生产线维护
教育辅助	● 讯飞星火：方言识别与精准学情分析	● Khanmigo：个性化学习助手
内容生成与 媒体	● 海螺 AI：内容创作与影视创作 ● 即梦：文生图，图生视频，数字人	● Sora：文生视频（创意短视频、广告分镜） ● Midjourney：高分辨率艺术创作
智慧城市与 公共服务	● 阿里云城市大脑：交通优化、应急响应 ● 神农大模型 2.0：作物生长预测、病虫害识别	● IBM 智慧城市解决方案：优化能源与交通

说一说

我国北斗卫星导航系统如何让出行更便捷?

任务2 了解机器人

随着计算机技术、工业自动化和人工智能的飞速发展,人类繁重而重复的体力劳动已逐渐被各种机械所取代,机器人的应用已经广泛渗透到社会的各个领域。当前,世界各国都在积极发展新质生产力,全球工业机器人行业已进入一个前所未有的高速发展期。研究和开发新一代机器人将成为今后科技发展的新重点,而且机器人产业不论在规模上还是资本上都将大大超过今天的计算机产业。因此,全面了解机器人知识,具备娴熟的机器人操作技能,已成为衡量21 世纪高素质人才的基本要素之一。

机器人可代替或协助人类完成各种工作,凡是重复性的、危险的、有毒的、有害的工作,都可由机器人大显身手。机器人除了广泛应用于制造业领域外,还应用于资源勘探开发、救灾排险、医疗服务、家庭娱乐、军事和航天等其他领域。机器人是重要的生产和服务性设备,也是先进制造技术领域不可缺少的自动化设备。了解机器人思维导图如图 8-10 所示。

机器人的分类　　　　　　　　　　机器人的由来

机器人的应用　　了解机器人　　机器人的定义

图 8-10　了解机器人思维导图

◆ **任务情景**

机器人是人工智能应用的一个重要载体。

小华在实习公司负责一条生产线的运行。这条生产线有一个搬运物料环节,运输小车把物料放到地上以后,需要人工把物料搬运到流水线上。小华每天需要把物料从地上搬运到流水线上,经常累得汗流浃背。后来公司进行员工技术培训,小华掌握了工业机器人技术,就想利用工业机器人改造这条生产线的搬运环节。经过领导同意,小华安装并调试好了工业机器人,工业机器人就能自动把地面物料搬运到流水线上。只要科学地对工业机器人进行维护保养,工业机器人能连续工作很长时间,效率也比人工高很多。

不同种类的机器人如图 8-11 所示。什么样的机器可以称之为"机器人"?它们是怎么分类的?又有哪些应用呢?什么工作可以由机器人替代呢?

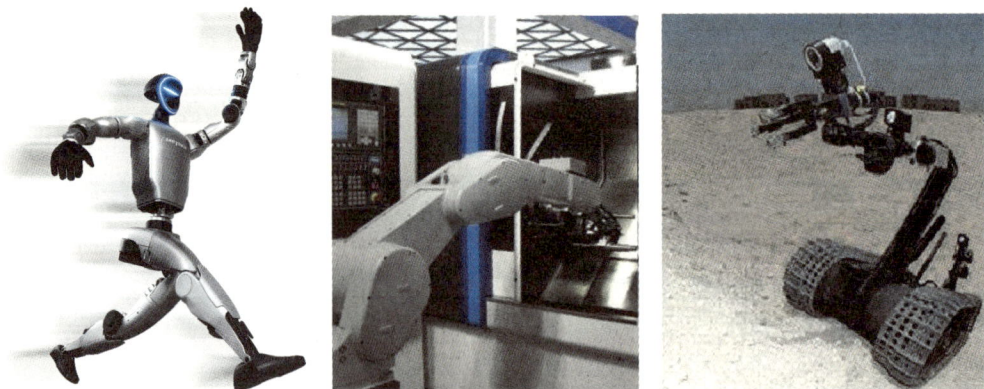

图 8-11　不同种类的机器人

◆　**任务分析**

工业机器人是广泛用于工业领域的多关节机械手或多自由度的机器装置，具有一定的自动性，可依靠自身的动力能源和控制能力实现各种工业加工制造功能。工业机器人被广泛应用于电子、汽车、物流、化工等领域。

学习本任务后，应了解机器人的起源、定义和发展历程，掌握机器人的分类、应用及发展趋势，为将来进一步深入学习机器人指明方向。

8.2.1　了解机器人的发展

场景 3 描述了工业机器人的发展现状，工业机器人在搬运、装配、加工、包装等领域有着广泛应用。场景 4 描述了人形机器人的应用，机器人既可以在家庭中提供服务，也可以在建筑、医疗、军事、物流等其他专业领域提供服务，应用十分广泛。

1. 机器人的发展过程

机器人一开始是由人类通过剧本想象出来的，类似中国神话故事中的人物一样神通广大。后来由于科学技术的发展，想象中的机器人所具备的功能慢慢得以实现。机器人的发展过程见表 8-3。

表 8-3　机器人的发展过程

时　　间	事　　件
春秋时代后期	被称为木匠祖师爷的鲁班，利用竹子和木料制造出一个木鸟。它能在空中飞行，"三日不下"，这件事在古书《墨经》中有所记载，这可称得上世界第一个空中机器人
三国时期	蜀国丞相诸葛亮既是一位军事家，又是一位发明家。他成功地创造出"木牛流马"，可以运送军用物资，可称为最早的陆地军用机器人
1920 年	机器人的英文 Robot 一词源自捷克剧作家创作的剧本《罗萨姆的万能机器人》。由于剧中的人造机器人被取名为 Robota（捷克语，本意为奴隶、苦力），因此英文 Robot 一词开始代表机器人

时　　间	事　　件
1942 年	为了预防机器人的出现可能引发的人类灾难，美国科幻小说家在《我是机器人》的第 4 个短篇《转圈圈》中首次提出了"机器人学三原则"（第一条：机器人不得伤害人类，或看到人类受到伤害而袖手旁观；第二条：机器人必须服从人类的命令，除非这条命令与第一条相矛盾；第三条：机器人必须保护自己，除非这种保护与以上两条相矛盾。），它被称为"现代机器人学的基石"，这也是"机器人学"这个名词在人类历史上的首度亮相
1959 年	约瑟夫·恩格尔伯格利用乔治·德沃尔的专利技术，研制出世界上第一台真正意义上的工业机器人 Unimate，开创了机器人发展的新纪元。约瑟夫·恩格尔伯格对世界机器人工业的发展做出了杰出的贡献，被称为"机器人之父"
1969 年	日本早稻田大学的加藤一郎实验室研发出世界上第一台双脚走路的机器人
1973 年	第一台机电驱动的 6 轴机器人面世。德国库卡公司（KUKA）将其使用的 Unimate 机器人研发改造成其第一台产业机器人，命名为 Famulus，这是世界上第一台机电驱动的 6 轴机器人
1978 年	美国 Unimation 公司推出通用工业机器人，应用于通用汽车装配线，这标志着工业机器人技术已经完全成熟
1983 年	就在工业机器人销售日渐增长的情况下，约瑟夫·恩格尔伯格又毅然地将 Unimation 公司出让给了美国西屋电气公司（Westinghouse Electric Corporation），并创建了 TRC 公司，前瞻性地开始了服务机器人的研发
2003 年	德国库卡公司（KUKA）开发出第一台娱乐机器人 Robocoaster
2008 年	世界上第一例机器人切除脑瘤手术成功。施行手术的是卡尔加里大学医学院研制的"神经臂"
2013 年	"玉兔"号月球车：中国首台月面巡视探测器，随嫦娥三号登月，突破月夜生存技术，累计工作 972 天，远超设计寿命
2015 年	世界级"网红"——Sophia（索菲亚）诞生。2017 年索菲亚在沙特阿拉伯首都利雅得举行的"未来投资倡议"大会上获得了沙特公民身份，这也是史上首位获得公民身份的机器人
2017 年	"天宫空间站机械臂"：中国空间站核心舱配备 7 自由度机械臂，负载 25 吨，支持舱体爬行转移与航天员协同作业，技术达国际领先水平
2019 年	中国"嫦娥四号"探测器携带的"玉兔二号"月球车成功登陆月球背面，成为人类首个在月球背面软着陆和巡视探测的机器人，实现了月球探测机器人技术的跨越式发展
2021 年	优必选科技研发 Walker X，成为全球首款可商业化人形机器人，具备动态平衡、手眼协调能力，完成端茶、跳舞等家庭服务任务； 中国"天问一号"火星探测器携带的"祝融号"火星车成功登陆火星，这是中国首辆火星车，具备复杂地形适应、科学探测等能力，标志着中国成为第二个成功实现火星车巡视探测的国家
2022 年	大疆农业无人机 T50，全球首款一体化农业无人机，2022 年 11 月发布，2023 年规模化应用。支持播种、施肥、喷洒全流程，单机日作业面积超 500 亩，推动智慧农业规模化应用
2023 年	人形机器人入选十大科技热词。人形机器人技术因突破性进展引发广泛关注，被评选为年度科技热点
2024 年	宇树科技湖北省首批双足人形机器人 H1 完成交付。H1 机器人具备空翻、复杂动作执行能力，标志国产机器人技术迈向新阶段
2025 年	全球首个人形机器人半程马拉松赛在北京举行，人形机器人加速进化

2. 机器人的定义

由于现代机器人的应用领域多、发展速度快，加上它涉及有关人类的概念，因此，对于机器人，世界各国标准化机构甚至同一国家的不同标准化机构至今尚未形成一个统一、准确、为世人所公认的严格定义。

国际标准化组织（International Organization for Standardization，ISO）定义：机器人是一种"自动的、位置可控的、具有编程能力的多功能机械手，这种机械手具有几个可活动的轴，能够借助可编程序操作处理各种材料、零件、工具和专用装置，执行各种任务"。一般认为，机器人是一种具备一些与人或生物相似的智能能力（如感知能力、规划能力、动作能力和协同能力等）的具有高度灵活性的自动化机器。

机器人一般具有以下特征。

① 机器人的动作机构具有类似于人或其他生物体的某些器官（肢体、感官等）的功能；

② 机器人具有通用性，工作种类多样，动作程序灵活易变；

③ 机器人具有不同程度的智能性，如记忆、感知、推理、决策、学习等；

④ 机器人具有独立性，完整的机器人系统在工作中可以不依赖于人的干预。

机器人正在源源不断地向人类活动的各个领域渗透，它所涵盖的内容越来越丰富，其应用领域和发展空间正在不断延伸和扩大，这是机器人与其他自动化设备的重要区别。

可以想象，未来的机器人不但可以接受人类指挥、运行预先编制的程序，而且可以根据人工智能技术所制定的原则纲领选择自身的行动。但机器人很难有自主的意识，一般不会产生自己独立的意志而自行其是。

目前，机器人的传感器远没有达到人类的感知水平，它们感受不出类似于人类的基本需求。目前，所有的机器人所能感知的都是人类需要的，是按人类的意识进行感知的，机器人自己并不知道为什么要感知，感知信息以后为什么要那样做。机器人的所有感知和行为都是按人类意识运行的。

💬 说一说

机器人在生产生活中的应用案例。

8.2.2　了解机器人的分类

通过场景 3 的描述可知，我国工业机器人数量庞大、应用广泛；通过场景 4 的描述可知，人形机器人正在快速发展。除了工业机器人、人形机器人，还有各类机器人，那么机器人有哪些分类方法呢？

机器人的种类和应用都很多，目前的分类方法也有很多种。但是，由于人们观察问题的角度有所不同，直到今天，还没有得出一种令世人普遍认同的机器人分类方法。总体而言，常用的机器人分类方法主要有专业分类法和应用分类法两种。

1. 专业分类法

专业分类法通常是机器人设计、制造和使用厂家技术人员所使用的分类方法，其技术性较强，非业内人士较少使用。目前，可按机器人的控制系统技术水平、机械结构形态和运动控制方式 3 种方法进行专业分类。

（1）按控制系统技术水平分类。

根据机器人目前的控制系统技术水平，一般可分为示教再现机器人（第一代）、感知机器人（第二代）、智能机器人（第三代）3 类。第一代机器人已实用和普及，绝大多数工业机器人都属于第一代机器人；第二代机器人的技术已部分实用化；第三代机器人正处于快速发展阶段。

（2）按机械结构形态分类。

根据机器人现有的机械结构形态，研究人员将其分为圆柱坐标（Cylindrical Coordinate）、球坐标（Polar Coordinate）、直角坐标（Cartesian Coordinate）及关节型（Articulated）、并联结构型（Parallel）等，其中以关节型机器人最为常用。不同形态的机器人在外观、机械结构、控制要求、工作空间等方面均有较大区别。例如，关节型机器人的动作和功能类似人类的手臂；而直角坐标、并联结构型机器人的外形和控制要求与数控机床十分类似。

（3）按运动控制方式分类。

根据机器人的控制方式，一般可分为顺序控制型、轨迹控制型、远程控制型、智能控制型等类别。顺序控制型又称点位控制型，这种机器人只需要规定动作次序和移动速度，而不需要考虑移动轨迹；轨迹控制型则需要同时控制移动轨迹和移动速度，故可用于焊接、喷漆等连续移动作业；远程控制型可实现无线遥控，它多用于特定行业，如军事机器人、空间机器人、水下机器人等；智能控制型机器人就是前述的第三代机器人，多用于服务、军事等行业，这种机器人是研究热点之一。

2. 应用分类法

应用分类法是根据机器人应用环境（用途）进行分类的大众分类方法，其定义通俗，易为公众所接受。

应用分类的方法同样较多。例如，日本将机器人分为工业机器人和智能机器人两类；我国将机器人分为工业机器人和特种机器人两类等。然而，由于对机器人的智能性判别尚缺乏科学、严格的标准，加上工业机器人和特种机器人的界线较难划分，因此，在通常情况下，公众较易接受的是参照国际机器人联合会（IFR）的分类方法，将机器人分为工业机器人和服务机器人两类。如进一步细分，常用的机器人基本上可分为如图 8-12 所示的几类。

图 8-12　常用机器人的分类

（1）工业机器人。

工业机器人（Industrial Robot，IR）是指在工业环境下应用的机器人，它是一种可编程的多用途、自动化设备。当前实用化的工业机器人以第一代示教再现机器人居多，但部分工业机器人（如焊接、装配等）已能通过图像来识别、判断、规划或探测路径，对外部环境具有了一定的适应能力，初步具备了第二代感知机器人的某些功能。

工业机器人的涵盖范围同样很广，根据其用途和功能，又可分为加工、装配、搬运、包装、喷涂等类别；在此基础上，还可对每类进行细分。

搬运工业机器人如图 8-13 所示。

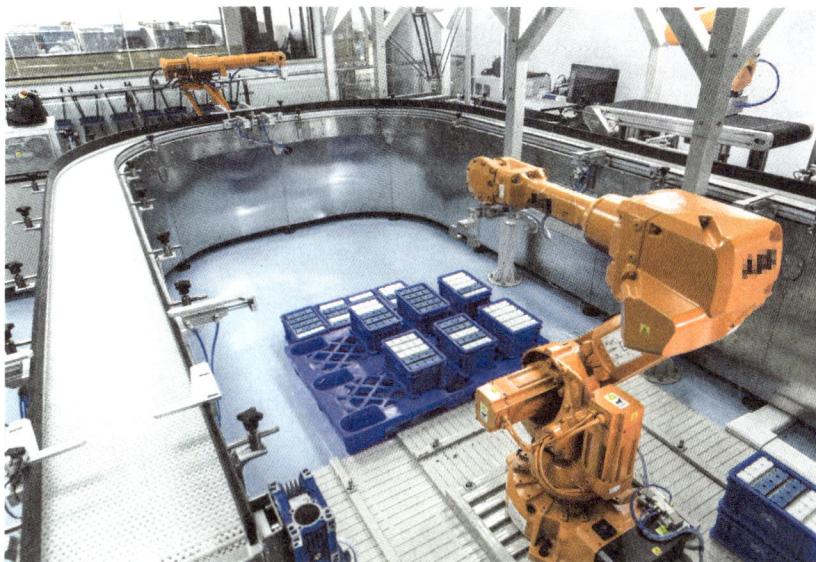

图 8-13　搬运工业机器人

（2）服务机器人。

如图 8-14 所示，服务机器人（Personal Robot，PR）是除工业机器人之外，服务于人类非生产性活动的机器人的总称。根据国际机器人联合会（IFR）的定义，服务机器人是一种半自主或全自主工作的机械设备，它能完成有益于人类健康的服务工作，但不直接从事工业品的生产。

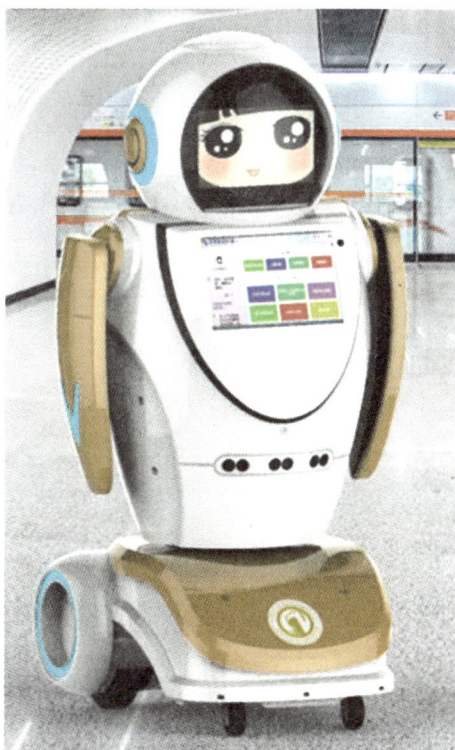

图 8-14　服务机器人

说一说

机器人在哈尔滨 2025 年第九届亚冬会有哪些应用？

8.2.3 了解机器人的应用

通过场景 3 和场景 4 的描述可知，机器人的应用十分广泛。

1. 工业机器人应用——焊接机器人

当前很多焊接机器人控制系统能够提供多种焊接功能包、工艺大数据管理、专家分析系统和专家学习系统等，使得机器焊接大幅度地代替人工，模拟人工焊接技巧，使得工艺更加稳定，焊接一致性更好。

焊接机器人如图 8-15 所示。

图 8-15　焊接机器人

2. 服务机器人应用——扫地机器人

AI 技术的突破、核心零部件成本的下降以及"先驱"产品的出现，带动了智能服务机器人的兴起。一时间，语音交互、对话问答、人脸识别、环境感知、自主定位导航等，几乎成了智能服务机器人产品的标配。

随着人们收入和生活水平的提高，人们越来越热衷于追求高品质的家庭生活，这也是导致最近几年智能家居行业异常火爆的主要原因。扫地机器人作为智能电器类家居产品越来越受到广大家庭用户的喜爱，带一台扫地机器人回家一起生活成为一种时尚。扫地机器人以其智能性和实用性深受用户的青睐，只要一个按钮就可以帮助人们打扫卫生，我们就可以节省时间享受高品质生活。

扫地机器人的机身为无线机器，以圆盘形为主，使用充电电池运作，操作方式以遥控器，或是机器上的操作面板为主。一般能设定时间预约打扫、自行充电，可侦测障碍物，如碰到墙壁或其他障碍物会自行转弯，并依不同设定而走不同的路线。因为其简单操作的功能及便利性，现今已慢慢普及，成为上班族或是现代家庭的常用家电用品之一。

扫地机器人如图 8-16 所示。

图 8-16　扫地机器人

说一说

中国空间站使用的机械臂有哪些应用场景？

考 核 评 价

序　号	考 核 内 容	完 全 掌 握	基 本 了 解	继 续 努 力
1	了解人工智能的发展过程，掌握人工智能的常见应用；能列出 3 种以上推动人工智能发展的技术，能说出人工智能的技术核心；了解我国人工智能领域的发展现状			
2	认识人工智能对社会发展的影响；能列出 5 个行业的人工智能研究热点，能列出 5 种关于人工智能的知识领域			
3	会体验人工智能应用。体验智能设备上的翻译、导航等 App 应用；了解我国在智能导航、机器人等人工智能领域的研究现状，增强民族自信心、自豪感			
4	了解机器人的发展，知道机器人的应用和分类；能列出机器人的经典应用案例；提升利用人工智能工具解决问题的思维能力			
收获与反思	通过学习，我的收获： 通过学习，发现的不足： 我还需要努力的地方：			

本 章 习 题

一、选择题

1. AI 是_____的缩写。

   A．Automatic Intelligence
   B．Artifical Intelligence
   C．Automatic Information
   D．Artifical Information

2. 人工智能最早由_____于 1950 年提出，并且同时提出一个机器智能的测试模型。

   A．明斯基
   B．扎德
   C．图灵
   D．巴贝奇

3. 人工智能的目的是让机器能够_____，以实现某些脑力劳动的机械化。

   A．具有智能
   B．与人一样工作
   C．完全代替人的大脑
   D．模拟、延伸与扩展人的智能

4. 人工智能的发展过程可以划分为_____。

   A．诞生期与成长期
   B．形成期与发展期
   C．初期与中期
   D．初级阶段与高级阶段

5. 以下关于人工智能的叙述中不正确的是_____。

   A．人工智能技术与其他学科相结合极大地提高了应用技术的智能化

   B．人工智能是科学技术发展的趋势

   C．因为人工智能的系统研究是从 20 世纪 50 年代开始的，非常新，所以十分重要

   D．人工智能有力地促进了社会的发展

6. 当代机器人主要源于以下两个分支_____。

   A．计算机与数控机床
   B．遥操作机与数控机床
   C．遥操作机与计算机
   D．计算机与人工智能

7. 以下_____是生成式 AI 的典型应用。

   A．人脸识别
   B．文本摘要生成
   C．工业质检
   D．路径规划

8. 当代机器人大军中最主要的机器人为_____。

   A．工业机器人
   B．军用机器人
   C．服务机器人
   D．特种机器人

二、判断题

1. 人工智能的近期目标是实现机器智能。 （　　）
2. 人工智能语言只有 Prolog 语言。 （　　）
3. 人工智能研究的对象是数据库。 （　　）
4. 只有人形的机器人才能称为"机器人"。 （　　）
5. 机器人一定会有"脑"。 （　　）
6. 机器人之间不能通信。 （　　）
7. 机器人一般采用锂电池作为能源。 （　　）
8. 工业机器人末端操作器是手部。 （　　）

三、填空题

1. 国际机器人联合会（IFR）将机器人分为_____和_____两类。
2. "机器人之父"是_____。
3. 国际标准化组织定义：机器人是一种自动的、位置可控的、具有_____能力的多功能机械手。
4. 工业机器人的涵盖范围很广，根据其用途和功能，又可分为加工、_____、_____、包装 4 大类。
5. 服务机器人（Personal Robot，PR）是除工业机器人外，服务于人类非_____活动的机器人的总称。
6. 服务机器人分为个人/家庭服务机器人和_____两类。
7. _____被称为"人工智能之父"。
8. _____是人工智能技术的核心。

四、思考题

1. 列举人工智能和机器人的应用场景。
2. 目前哪些工作岗位有可能被人工智能和机器人替代？所有的工作岗位都会被取代吗？我们应该怎样面对？
3. 如果想深耕人工智能研究领域，我们应该具备哪些学科知识？

五、操作题

小组合作完成"人工智能在家庭中的应用"调研报告。可通过线上问卷和线下调研的方式，调查家庭对人工智能产品的需求和应用情况，分析家用人工智能产品给生活带来的便利和存在的不足。通过实践活动，谈谈你对"人工智能不是替代人，而是服务于人"的理解，思考如何应对人工智能带来的挑战。

反侵权盗版声明

电子工业出版社依法对本作品享有专有出版权。任何未经权利人书面许可，复制、销售或通过信息网络传播本作品的行为；歪曲、篡改、剽窃本作品的行为，均违反《中华人民共和国著作权法》，其行为人应承担相应的民事责任和行政责任，构成犯罪的，将被依法追究刑事责任。

为了维护市场秩序，保护权利人的合法权益，我社将依法查处和打击侵权盗版的单位和个人。欢迎社会各界人士积极举报侵权盗版行为，本社将奖励举报有功人员，并保证举报人的信息不被泄露。

举报电话：（010）88254396；（010）88258888

传　　真：（010）88254397

E-mail：　dbqq@phei.com.cn

通信地址：北京市万寿路 173 信箱

　　　　　电子工业出版社总编办公室

邮　　编：100036